走进自己系列

Our Inner Conflicts
我们内心的冲突

[美]卡伦·霍妮 著
霍文智 译

北京理工大学出版社
BEIJING INSTITUTE OF TECHNOLOGY PRESS

版权专有　侵权必究

图书在版编目（CIP）数据

我们内心的冲突 /（美）卡伦·霍妮著；霍文智译 . — 北京：北京理工大学出版社，2019.1（2024.6重印）

ISBN 978-7-5682-6497-6

Ⅰ. ①我… Ⅱ. ①卡… ②霍… Ⅲ. ①精神分析 Ⅳ. ①B84-065

中国版本图书馆CIP数据核字（2018）第268167号

责任编辑：田家珍	文案编辑：田家珍
责任校对：周瑞红	责任印制：李　洋

出版发行 / 北京理工大学出版社有限责任公司
社　　址 / 北京市丰台区四合庄路6号
邮　　编 / 100070
电　　话 /（010）68944451（大众售后服务热线）
　　　　　（010）68912824（大众售后服务热线）
网　　址 / http：//www.bitpress.com.cn

版 印 次 / 2024年6月第1版第5次印刷
印　　刷 / 天津明都商贸有限公司
开　　本 / 880 mm × 1230 mm　1/32
印　　张 / 8
字　　数 / 121千字
定　　价 / 65.00元

图书出现印装质量问题，请拨打售后服务热线，负责调换

前言
Preface

写作本书的目的在于推动精神分析学的发展。它是我对患者和自己进行分析性工作之后做出的经验总结。我在本书中提出的理论都是历经多年逐渐形成的，直到美国精神分析协会邀请我进行一系列讲座，我为此做准备时，这些观点才变得清晰起来。该系列讲座的第一讲题为《精神分析的技术问题》（1943），正如题目所说，其主要内容是探讨精神分析的技术问题。第二讲题为《人格的整合》（1944），包括本书所探讨的主要问题，其中，"精神分析疗法中的人格整合""孤立心理学""施虐倾向"等主题，我曾在医学专科学院和精神分析促进协会进行过相关的演讲。

我知道，有些精神分析学家一直致力于改进我们的理论和疗法，我希望这本书能够为他们提供帮助。不仅如此，我还希望他们不仅能在工作中运用本书的观点，而且能在自己的生活中运用这些观点。精神分析学的发展道路极其坎坷，要想推动其不断进步，就必须把我们自己以及我们遇到的困难都包括进去，从中获得更多的经验。如果我们不思进取，安于现状，那么我们的理论终将变得单调而僵化。

但我也坚信，任何著作，只要不是单纯探讨技术问题或者抽象的心理学理论，都应该有助于人们认识自我以及争取自我成长。现代文明给我们带来了种种问题，本书所描述的内心冲突是大部分人必须面对的状况，他们需要获得最大的帮助。虽然只有精神科专家才能解决严重的神经症，但我依然相信，只要经过坚持不懈的努力，我们也能改善自己内心的冲突。

我要感谢我的患者们配合我的工作，让我更加深入地了解了神经症。我还要感谢我的同事们关注、认可和理解我的工作，鼓励我不断取得进展。我所说的"同事"不仅指那些比我年长的同事，也包括在我们的研究所接受培训的年轻同事，他们的反对意见和讨论都给我带来了莫大的启发。

此外，我还要感谢三个人，他们不属于精神分析领域，但为我的工作提供的极大的助力和特殊的支持。第一位是阿尔文·约翰逊博士，他让我有机会在新社会研究院发表自己的观点，而在当时，弗洛伊德的经典精神分析是唯一受到认可的分析理论与实践的学说。第二位是新社会研究院哲学与人文科学系主任克拉拉·梅耶女士，多年来，她始终关注我、鼓励我，让我把所有最新的研究成果分享给他们，和他们一起讨论。第三位是我的出版商诺顿先生，在帮助我发表著作的过程中，他给了我很多实用的建议。最后，我还要感谢米纳特·库恩，她帮助我把书中的材料组织得更加有序，让我的观点变得更加清晰。

卡伦·霍妮

目录
CONTENTS

序言

第一部分
神经症冲突与解决尝试 / 01

第一章
表现强烈的神经症冲突 / 03

第二章
基本冲突 / 14

第三章
亲近他人 / 29

第四章
对抗他人 / 45

第五章
回避他人 / 56

第六章
理想化意象 / 81

第七章
外化 / 100

第八章
虚假和谐的辅助手段 / 117

目录
CONTENTS

第二部分
未解决的冲突所导致的后果 / 129

第九章
恐惧 / 131

第十章
人格的衰退 / 143

第十一章
绝望 / 169

第十二章
施虐倾向 / 181

结论
怎样解决神经症冲突 / 209

序言
Preface

对于神经症的研究，无论我们从哪里开始，无论经过了多么艰难的过程，我们最终都可以得出这样的结论：神经症源于人格障碍。事实上，一切心理学发现基本上都会涉及这个论点，因此，它并不是一个新的观点。自古以来，所有诗人和哲学家都很清楚，只有那些承受着内心冲突的人才会被精神障碍所折磨，而那些内心安定平静的人则不会有这种痛苦。现代理论认为，每一种神经症都是性格神经症，而无论其有着怎样的症状。所以，在理论研究和临床治疗方面，我们都应该以更好地理解神经症性格结构为目标。

其实，弗洛伊德的开创性工作早已对这一概念有所关注，虽然他并没有将其明确地描述出来。在此基础上，弗朗兹·亚历山大、奥托·兰克、威廉·赖希、哈拉尔德·舒尔茨·亨克等人继续发展了这一概念，并对其进行了明确的定义。然而，关于神经症性格结构的确切本质及其引发原因，他们却没有得出一致的结论。

　　我的研究基础与他们都不同。在了解了弗洛伊德关于女性心理学的设想之后，我开始关注文化因素与神经症的关系。文化因素显然影响了我们关于男性气质和女性气质的观点，而且，我发现，弗洛伊德恰恰是因为没有考虑到文化因素的影响，所以才会得出一些错误的结论。在过去的15年间，我对这个课题越来越感兴趣。与埃里希·弗洛姆有了接触后，我在这方面的兴趣变得更加浓厚了。从他那里，我得到了丰富的社会学和精神分析学知识，并且由此意识到，社会因素不仅在女性心理学方面有着一定的应用，而且会影响其他诸多方面。我于1932年来到美国，在这里证实了我的观点。我发现，美国人与欧洲人在处事态度和神经症等很多方面的表现均有不同，对此，只能从社会文化差异的角度做出解释。最终，我在《我们时代的神经症人格》一书中发表了我的结论——早期神经症源于文化因素，更确切地说，神经症源于人际关系的混乱和失衡。

在我开始写《我们时代的神经症人格》之前的那些年，我以早期假设的逻辑为依据，同时研究着另一个问题：神经症的内驱力是什么？关于这个问题，弗洛伊德提供了第一个答案，即强迫性驱力。在他看来，从本质上讲，这些驱力源于本能，以获得满足感、消除失败感为目标。他由此认为每个人都具有这种内驱力，而并非仅限于神经症患者。然而，要想使这个说法成立，神经症就不能源于人际关系的混乱和失衡。所以，在这一点上，我的看法可以简单概述为以下几点：只有神经症患者才会具有强迫性驱力；它们源于孤独感、无助感、恐惧感和敌对感，是患者在这些感觉下应对外界的方式；它们最需要的是安全感，而非满足感；其背后掩藏的焦虑感造成了其强迫性特点。在《我们时代的神经症人格》一书中，我解释并详述了两种驱力——对爱的渴望和对权力的追逐。

虽然我认同弗洛伊德学说中最基本的原理，但我发现，我所追寻的更准确的理解与弗洛伊德学说完全相反。如果是文化因素决定了弗洛伊德所说的本能，如果他所认为的对性的渴望其实只是一种由焦虑感所引发的对爱的神经症性需要，目的是为了在人际关系中获得安全感，那么，他提出的"力比多"（即性力）理论就无法成立了。

这并不意味着童年经历不重要，只是我们不能以弗洛伊德的观点来解释它给人生带来的影响。因此，我们必须提出新的理论。于是，我写了《精神分析新法》这本书，表明了我的理论与弗洛伊德观点之间的不同。

在这个过程中，我同时还在探索神经症的内驱力。我意识到，神经症性格结构才是最重要的。于是，我将强迫性驱力称为神经症倾向，并在接下来写的书中描述了十种神经症倾向。当时，我将其视为一种宏观结构，其中包含了多个相互作用的微观结构。每个微观结构都以一种神经症倾向为核心。这一神经症理论在现实应用上有着重要的价值。如果从根本上来讲，精神分析并没有把当前的困难与以往的经验联系起来，而是建立在理解人格结构中内驱力的相互作用的基础之上，那么我们完全可以独立地认识和改变自我，而无须太多帮助，甚至根本不需要帮助。如今，人们对于心理治疗的需求越来越大，而这方面的资源却并不充足，因此，自我分析似乎有望满足这一普遍需求。由于那本书主要探讨的是自我分析的方法及其可能性和局限性，因此，我给它取名为《自我分析》。

然而，我并没有满足于对个体倾向进行描述。我总有一种隐隐的担忧：把这些倾向简单地列举出来，并且分别进行准确的描述,这样会让各部分之间显得过于孤立。当时,我已经发现,对爱的神经症性需求、强迫性谦虚、对"伴侣"的需求属于同一类,但我尚未发现它们组合在一起,形成了一种对待自己和他人的基本态度,也形成了一种特殊的生活哲学。这些倾向就是我们现在所说的"亲近他人"这一概念的核心。我还发现,对权力和声望的强迫性渴求与神经症野心之间的共同点大致构成了"对抗他人"这一概念的主要因素。然而,虽然对赞美的需求和对完美的追求所表现出来的特点都属于神经症范畴,并且都对患者的人际关系产生了影响,但其影响最大的还是患者与自己的关系。此外,利用他人的需要并不是一种基本需要,因为它相对而言并不完整,似乎不是一个独立的概念,而只是某些独立概念中的一小部分,而对爱或权力的需要才是一种基本需要。

后来,我的质疑得到了证实。此后的几年内,我更多关注的是冲突对于神经症有着怎样的作用。我在《我们时代的神经症人格》中提到了这样的观点:不同的神经症倾向之间的相互作用导致了神经症的产生。我还在《自我分析》中说过,不同的神经症倾向之间的相互作用,不仅包括相互强化,而且包括相互冲突。可是这个观点始终没有得到重视。弗洛伊德已经认识到了内心冲突的重要性，但他认为，冲突是已经受到抑制的力量和正在受到抑制的力量之间的对抗。然而，我所认为的冲突则是作用于两种相互矛盾的神经症倾向之间，虽然它们源于患者在人际关系中的矛盾态度，但同时也包括了患者对自己矛盾的态度、矛盾的品质和矛盾的价值观。

通过不断的观察，我越发了解到这些冲突有多么的重要。首先，我发现，即使患者身上的矛盾已经非常明显，但他们却根本意识不到这一点。当我为他们指出这些矛盾时，他们不仅对此毫无兴趣，而且还会表现出回避的态度。有过多次这样的经验后，我意识到，他们之所以会回避，是因为他们厌恶触及这些矛盾。突然面对冲突只会让患者感到恐慌，也让我的分析工作随时面临着危机。当然，他们的回避态度也是正常的表现，因为他们知道冲突的力量有多么的强大，他们担心自己会被它击垮。

然后，我发现他们会花费大量的时间和精力来"解决"冲突，更准确地说，是为了制造虚假的和谐而否认冲突。他们的解决方法主要分为四种，按照本书的介绍顺序，它们依次是：

一、试图掩饰冲突的某个方面，使其对立面占据主导地位。

二、"回避他人"。此时，神经症性自我孤立展现出了新的作用。自我孤立是一种基本冲突，也是人际关系中的一种原始矛盾态度；但它同时也是一种解决冲突的手段，因为与他人保持情感距离能够让冲突无法发挥作用。

三、"回避自己"，这与"回避他人"完全相反。他真实的自我因此而不再真实，而且，他建立起理想化的自我，用以取代真实的自我。在理想化的自我中，冲突性的部分被美化为多样人格的不同方面，使得冲突被掩盖起来。很多神经症问题都是由于这个原因而变得难以理解且难以治疗。而且，它还能够协调两种看似难以融合的神经症倾向。如此一来，追求完美的倾向便表现为朝着理想化的自我而努力；渴望得到赞美的倾向便表现为希望别人承认他确实是那种理想化自我的形象。从逻辑上讲，理想化的自我与真实的自我之间差距越大，满足后一种需求的难度也就越大。在患者解决冲突的所有手段中，建立理想化的自我或许是最重要的，因为它深刻地影响了患者的整个人格。然而，新的内心裂痕却因此而产生，所以患者只能不停地进行补救。

四、"外化"，患者试图以此消除上述裂痕，然而它却进一步掩饰了其他冲突。"外化"的手段让患者以为内心的活动与自己无关。如果说建立理想化的自我是刚刚开始远离真实的自我，那么外化则意味着彻底的分裂。它也会带来新的冲突，或者说，是强化了自我与外界之间的冲突。

我之所以把它们称为四种主要的解决冲突的方法，一方面是因为似乎每一位神经症患者都会使用这些方法，只是程度略有差异；另一方面是因为它们深刻地影响着神经症患者的人格。当然，解决冲突的方法并不仅限于这四种，只不过其他方法并不具有普遍性意义，比如，有些患者用自以为是的方法来压抑心中的一切疑虑；有些患者单纯依靠意志力来严格约束自己，以强行结合起分裂的内心世界；有些患者以愤世嫉俗的态度藐视一切价值观，试图消除与理想化自我相关的冲突。

现在，我更加明确了这些未解决冲突的严重后果：患者会因此产生各种恐惧感，浪费时间和精力，摧毁美好的品质，绝望于不可逃离的冲突陷阱。

清楚了神经症患者的绝望感之后，我开始关注施虐倾向的意义。此时我才意识到，施虐倾向是深感绝望的个体试图通过替代性生活来解决冲突的一种补偿性手段。施虐者对报复性胜利有着难以满足的渴望，因此施虐行为往往表现得激情澎湃。此时，我开始明白，对破坏性压迫的需要其实并不是一种独立的神经症倾向，而是以更加复杂的方式来表达对胜利的执着。由于我们尚未找到更确切的术语来描述这个群体，因此我们暂且将其统称为施虐者。

就这样，以亲近他人、对抗他人、回避他人这三种态度之间的基本冲突为动力学核心的神经症理论便形成了。神经症患者由于既担心分裂，又需要保证自身的完整性，因此总是竭尽所能地试图解决冲突。虽然他可以由此制造出一种安定的假象，但新的冲突也会随之产生，于是便需要新的手段来进行弥补。然而，为维持自身整体性所做的一切努力都会使患者越发有敌意，越发绝望，越发恐惧，越发远离自我与他人，最终，病情只会越发严重，越发难以得到真正的解决。受绝望感折磨的患者或许会试图通过施虐行为来寻求补偿，然而这只会给他带来新的冲突，让他更加绝望。

神经症及其造成的性格结构最终只会呈现出这样糟糕的景象。但我依然认为我的理论具有建设性意义，理由如下：它让我们不再盲目乐观地追求简单的治疗方法，同时它也不会让我们陷入同等程度的盲目悲观之中。在这种理论的指导下，我们开始关注神经症性绝望，并着手对其进行处理和解决。最重要的是，我们由此认识到了神经症患者的内心正在遭受怎样的折磨，从而便可以消除潜在的冲突，并且找到真正的解决方法，实现真正的人格统一。神经症患者无法理智地解决问题，他们的手段不仅无效，而且会让问题更加糟糕。然而，只要我们按照步骤做好分析工作，从而改变导致冲突的人格特征，这些冲突就会得到解决，患者就不再感到绝望和恐惧，也不再有强烈的敌对情绪，不再远离自我与他人。

由于弗洛伊德不相信人性是善良的，也不相信人类有着更好的发展前景，因此，他对于神经症及其治疗的态度相当悲观。在他看来，人类注定要承受痛苦、面临毁灭，那些具有驱动力的本能基本只能受到控制，最多也只是得到"升华"。但我认为，一个人是可以变得更优秀的，只要他有能力，并且渴望发展自己的潜能。但是，如果他与自己、与他人的关系总是受到干扰，那么这种潜能很有可能就会逐渐变弱，甚至消失。我坚信，每个人都能够改变自己，而且会变得越来越好。随着理解的不断深入，这已经成为了我最坚定的信念。

第一部分
神经症冲突与解决尝试

第一章
表现强烈的神经症冲突

我首先要声明的是：有冲突并不等于患有神经症。我们在日常生活中会发现，自己的兴趣爱好和希望，总会与周围的人发生冲突，因此，就像我们经常与所生存的环境发生冲突一样，内心的冲突也是生命的组成部分。

本能决定了动物的行为。动物的交配、抚养后代、觅食以及防御等行为都是由其本能所决定的，这些并不以个体意志为转移。然而，人类却有权对此做出选择，这也是人类的职责所在。当两个截然相反的欲望出现时，我们一定要做出抉择，比如，我们希望独处，同时又希望有人相伴；我们想学医学，同时又难以放弃音乐梦想。我们的愿望可能会与义务发生冲突，比如，我们想专心与爱人约会，但此时也许有人正遭遇困境，需要我们援手相助；我们或许会不知所措，既希望与他人达成一致，又希望表达自己不同的意见。我们也许还会在两种截然相反的价值观之间举棋不定，比如，当战争来临时，我们有义务去当兵，但又希望留在家中保护家人。

我们所处的文化背景，决定了这些冲突的类型、范围和强度。假如这种文化背景基础稳固，传统深厚，那么可供选择的种类就会受到局限，就个体而言，也不会出现很多冲突。但这并不意味着完全不存在冲突：一种忠诚与另一种忠诚之间或许会产生矛盾，个人理想与集体意志之间也或许会产生矛盾。然而，当文明发展到一定阶段，进入快速转型期时，就会出现各种相互矛盾的价值观和生活方式并存的局面。此时，可供选择的种类呈现出多样性，为个人抉择增加了难度：他既可以随波逐流，也可以保持独立；他既可以投身群体，也可以独来独往；对于成功，他既可以推崇，也可以蔑视；在子女的教育上，他既可以严格约束，也可以放任自流；对于男性和女性在道德方面的评判标准，他既可以寻求一致，也可以要求不同；对于两性关系，他既可以认为是情感的表现，也可以认为与情感无关；在种族问题上，他既可以抱有某种偏见，也可以反对以种族判断人的价值。这样的选择数不胜数。

毋庸置疑，处于我们这种文化背景中的人会经常面临这些抉择，发生冲突也就在所难免。但令人不解的是，很多人虽面临各种冲突，却毫无觉察，更没有思考怎样去解决这些冲突：他们听之任之，被冲突所裹挟；他们没有自己的立场，一味地做出让步，即使处于矛盾的中心也无法看清形势。在这里，我所指的是正常人，他们并不患有神经症。

可见，对矛盾有所意识并由此做出抉择，这是需要前提条件的，也就是要明确我们的目的是什么，特别要明确我们的情感是怎样的：对某人我们是真心喜欢，还是仅仅认为我们应该如此？当父母去世时，我们是真的难过，还是仅仅在惯性的驱使下做出表达？我们果真想当一位律师或医生，还是仅仅因为从事这种职业会得到丰厚的报酬并受人尊崇？我们是真心希望子女幸福和自立，还是言不由衷？对于很多人而言，这些问题非常简单，但回答起来却不容易，换句话说，我们对自己真正的感受和需求根本不清楚。

冲突的存在一般都与信念、信仰或道德观有关，这就要求我们要建立完善的价值观，这样才能对冲突加以认识。他人的价值观只属于他人，借用来不会产生冲突，但也难以指导我们的决策。一旦新观念对我们产生影响，我们就很容易将那些价值观放弃，这就是吐故纳新。如果我们只是简单借用别人的价值观，那么，与我们的利益相关的冲突将不会出现。比如，一个儿子没有意识到父亲的心胸非常狭窄，当父亲希望他去从事某项工作时，虽然他并不喜欢这项工作，但他的内心也不会发生冲突；一个已婚男子发生了婚外恋，此时，他已经处于冲突之中，如果他无力面对婚姻，便会选择避开阻力，寻求最简单的解决方法，而不是直面冲突做出决策。

对于这样的冲突，仅仅有所认识是不够的，我们必须甘愿舍弃冲突中有争议的一方。遗憾的是，很少有人能够清醒且心甘情愿地做出取舍，因为情感和信念往往是混杂在一起的。或许安全感和幸福感的缺失才是其中的根本原因，这导致大多数人都无法坦然放弃冲突。

做决策有个先决条件，就是要愿意并且有能力对自己的决策负责，承担决策错误的风险，接受一切后果，而不能将责任推给他人。他要做出这样的承诺："我自己的决策与他人无关。"他需要一种内在的力量和独立性，而很多人却不具备这样的素质。

无论我们多么不情愿，也要承认这样一个事实，即我们很多人被冲突所束缚，这就导致我们在看到那些春风得意、不被冲突所影响的人时，会心生羡慕和嫉妒。当然，这种羡慕情有可原。那些人可能非常强大，拥有坚定的价值观；可能他们的阅历已经淡化了冲突的威力，因此，在做决策时，他们不再焦虑和急迫，于是便显得非常从容。但也有可能这只是一种假象，他们也许并不能直面冲突，没有坚定的信念，无法主动解决冲突，所以只能躲在冷漠、侥幸和随波逐流的态度背后，依靠被动和投机取巧的手段占些小便宜。

有意识地直面冲突必定会令人痛苦，但它也会培养出一种宝贵的能力。它让我们不再畏惧面对自己的冲突，努力寻找解决冲突的手段，这样一来，我们的内心才会获得更多的自由和更大的能量。能够承受打击的人，才能真正掌握自己的命运。以虚假的冷静伪装起来的麻木并不值得羡慕，它只会令人越发怯懦和脆弱。

如果冲突源于生活，那么解决起来或许更难，但只要我们依然生存于世，就没有理由去逃避。要想对自己加以认识、建立信念，最好的方式便是接受教育。只要认清决策所涉及的各个因素的重要意义，我们就能为生活找到目标和努力的方向。（注释：参见哈里·爱默生·富司迪的著作《做真实的自己》,其中有关于屈从于外界压力而使自己变得愚钝的内容。)

对一个神经症患者来说,要想解决冲突,困难肯定不少。需要说明的是,神经症表现为不同的程度,我所说的"神经症患者"指的是"已经达到病态程度的人",他已经难以感受到自己的情感和欲望。一般情况下,只有当他的弱点被触碰到时,他才会感到恐惧和恼怒,但他也许会压抑自己的感受。这样的神经症患者真的存在,强制性标准对他们的影响极其深刻,他们因而无力辨别方向、决定方向。在强迫性倾向的支配下,他们无法果断地做出取舍,更做不到对自己负责。(注释:参见本书第十章"人格的衰退")

神经症患者在冲突中面临的问题,对于正常人来说可能也是普遍存在的,只不过两者的问题种类极为不同,因此有人提出质疑:用同一个术语表示两种不同的东西是否有失妥当?在我看来,答案是否定的,当然,对于两者之间的区别,我们也要加以了解。那么,神经症冲突有着怎样的特点呢?

我们来看一个简单的案例。有一位工程师,他从事的工作是与人合作设计机械设备,在工作中,他时常感到疲劳和烦躁。例如，在一次技术讨论会上，他的方案被否定，而同事的方案被采纳。不久之后，在他缺席的情况下，大家又做出了决议，此后他也没有机会表明自己的意见。这导致他的疲劳感和烦躁感再次发作。对于这种情况，他原本可以做出协调性的反应，为自己讨个公道，或是接受大家的决定，遗憾的是，他并没有这样做。虽然被轻视令他感到恼火，但他没有做出任何回应，他只有愤怒的情绪，并且这种情绪也只是在梦中出现。这种愤怒既指向他人，也针对自己的懦弱，他的疲劳感和烦躁感恰恰源于这种被压抑的愤怒。

这位工程师之所以没有做出协调性反应，其中的原因有很多。在他看来，自己很有成就，很了不起，只不过，这种成就感建立在别人对他的尊敬之上。他一切行为的出发点都是"我在这个领域的才能无人可及"，他无意识地以此为"底线"，任何危及这一底线的轻视都是对他的挑战。不仅如此，他还有一种无意识的虐待倾向，想要对别人加以指责和羞辱，同时，他又非常抵触这样的态度，因此用一种过度的友好将其掩饰起来。此外，无意识的内驱力也是其中的原因之一，他渴望利用他人达到自己的目的，于是他要在别人面前表现得有风度。同时，他非常需要别人的好感和赞美，这甚至成了他的一种强迫性需要，而他的迁就、隐忍和顺从令他越发依赖别人，冲突便这样产生的：一方面，愤怒和虐待冲动所导致的攻击性极具破坏力；另一方面，对好感和赞美的强迫性需要使他力求达到自己眼中的公正合理。于是，他表现出来的便是疲惫不堪、萎靡不振，而内心的激烈情绪却被掩藏起来。

对这一冲突中所涉及的各种因素进行观察，我们会感到惊讶，因为它们彼此之间都是毫不相容的——强迫他人尊重自己，同时又要讨好和顺从他人，这可真是极端的对立。此外，对于冲突，这位工程师始终都是无意识的，他没有认识到在冲突中起决定性作用的矛盾倾向，而是将其压抑下去。他的情绪显得很正常，心中的波澜只是略有表露：我的方案才是最优秀的，他们的做法不公平，他们眼里没有我。最后，冲突的两方都带有强迫性，或许他多多少少能够理性地察觉到自己对他人过分的要求和依赖，但主观意愿上依然无力改变现状。改变就意味着要做大量的分析工作。他被来自两方面的强迫性力量所控制：他无法割舍自己内心的迫切需求，但这些需求又不是他真正所追求的。他不想利用别人，也不想顺从于别人，因为他看不起这样的行径。这个案例意义深远，它能够帮助我们更加深入地了解神经症冲突,并且让我们认识到,在这样的冲突中,任何决定都是行不通的。

还有一个类似的案例。一位自由设计师偷了他朋友的一些钱。对于他的行为,人们无法理解,因为,如果他的朋友知道他需要钱,一定是会借给他的,毕竟以往都是如此。此外,他是个好面子的人,而且对于友情非常看重,这令他的偷窃行为更加匪夷所思。

我们从以下的冲突中会发现导致这一行为的真正原因。此人对情感有着病态需求,渴望时时刻刻都能得到关照,其中也掺杂着一种无意识的倾向——想借助他人为自己谋利,于是,他的行为一方面表现出渴望获得他人的情感,另一方面又表现出对支配地位的追求。前者本应使他乐于接受他人的关照,但他脆弱的自尊心又阻止他这样做。在他看来,能够帮助自己是他人的荣幸,但自己主动求助却是一种屈辱。他强烈地渴望自强自立,这让他更加厌恶求助于人,因此,他否认自己的任何需求,也无法容忍对他人有所亏欠。于是,对于想要的东西,他只愿亲自获取,而不愿接受施舍。

这个案例中的冲突表面上看与第一个案例不同,但本质上还是一致的。任何神经症冲突的驱动力都具有不兼容性、无意识性和强迫性，因此，患者很难自己解决冲突。

如果一定要区分正常人的冲突和神经症患者的冲突，那么我们可以这样划定界线：神经症冲突中的两种对立倾向所表现出来的差异要远远大于正常人。正常人无论选择哪种行为模式，都是合乎情理的，并且都统一于人格框架内。说得形象一些，就是正常人冲突中的两种对立倾向之间的偏离度最多只有90度，而对于神经症患者而言，这个偏离度则会达到180度。

此外，在意识程度上，两者之间也存在着差别。正如索伦·克尔凯郭尔所说的那样："真正的生活是丰富多彩的，仅仅通过抽象的对比——例如完全无意识的绝望和有意识的失望之间的对比——很难做出清晰的描绘。"但我们可以这样说：正常范围内的冲突可以是有意识的，而神经症冲突从其主要因素来看则是无意识的。对一个正常人而言，即使他没有意识到冲突的存在，但只要获得稍许帮助，就能够有所意识；而神经症冲突的主要倾向却被压抑得很深，要想意识到冲突的存在，就必须克服巨大的阻力。

此外，正常冲突中的两种选择都是可行的，无论哪种选择都是他想要的或者不愿割舍的，因此，即使他感到左右为难，无论怎样选择都要付出代价，但他依然能够做出合理的选择。然而，被神经症冲突所困扰的人却无法自由地做出选择，因为他受到两种方向相反的强制力所驱使，而无论哪个方向都不是他想要的。于是，他只能停下脚步，无法摆脱困境。要想从神经症倾向中解脱出来，他必须处理好这些倾向，并且改变他与自身以及他与别人之间的关系。

从以上特征中，我们了解到了神经症冲突为什么会如此强烈。这些冲突既难以辨认，又令人绝望，而且其破坏力非常恐怖。我们必须认识到这些特征，并且将其牢记在心，否则就无法理解神经症患者为消除冲突所付出的努力和进行的尝试，而事实上，神经症的主要内容恰恰就是这些努力和尝试。

第二章
基本冲突

在神经症中，冲突所起的作用非常大，而且比我们想象的还要大。但要想发现这些冲突又非常困难，不仅是因为冲突主要发生在无意识中，而且更重要的是，对于它们的存在，神经症患者往往持否定态度。那么，我们究竟依据什么认定冲突的存在呢？从前一章中所引用的两个案例来看，冲突可以经由两个非常明确的因素显现出来，其中之一就是最终的症状，从第一个案例来看是疲劳感，从第二个案例来看是盗窃。事实上，我们从任何一种神经症症状中都能发现冲突的存在，换句话说，任何一种症状都是由冲突或直接或间接导致的。那些未解决的冲突将对人们产生怎样的影响，它们是如何导致焦虑、抑郁、犹疑、懒惰和孤独等状态的，我们将在后面的内容中逐渐有所认识。对因果关系的理解非常重要，它能帮助我们将关注的重点由浅入深，由表象的紊乱转向追溯其根源，即使它尚不足以让我们看到根源的本质。

冲突的另一个标志性表现就是自相矛盾，比如，从第一个案例来看，尽管那位工程师觉得事情办得不妥，自己受到了不公正的对待，但他却没有表明自己的态度；从第二个案例来看，一个重情义的人却偷了朋友的钱。对于这种矛盾的表现，患者也会有所察觉，但多数情况下还是熟视无睹，而没有经验的观察者却会觉得其中的矛盾非常明显。

自相矛盾证明冲突必然存在，就如同体温高证明人必然生病了。我在这里列举几个常见的自相矛盾的案例。比如，一个女孩向往婚姻生活，但却难以接受异性的求爱；一位母亲溺爱子女，但却常常记不起子女的生日；一个人对别人慷慨大方，但却对自己非常吝啬；一个人很喜欢清静，但却无法忍受孤独；一个人宽以待人，但却对自己非常严苛。

自相矛盾对我们试探性地认识冲突的本质是有帮助的，这一点有别于症状。比如，一个人严重抑郁，说明他正处于两难的困境，但如果一位看似溺爱子女的母亲却记不起子女的生日，那么在我们看来，这位母亲可能只关心如何让自己成为好母亲，而并不关心子女。我们甚至可以认为，这位母亲身上存在着两种互相冲突的倾向：一方面，她想做一个好母亲；另一方面，她在无意识中试图用挫折来虐待孩子。

冲突有时会显现出来，换句话说，我们对冲突能够有所感知，这似乎违背了我所说的"神经症冲突是无意识的"这一论断。然而，实际上，那些显现出来的冲突仅仅是真实冲突的变形或扭曲。所以，当一个人意识到自己必须做出重大抉择时，即使他可以选择逃避，但依然会被无意识的冲突所折磨。或许他无法下定决心：到底要不要和这个女人结婚，或者到底要不要结婚，到底选择哪份工作，是继续与人合作还是解除合作关系。他为此而焦虑不安，无法做出任何选择。于是，他可能会向心理分析师求助，希望分析师帮助自己理清头绪。但他必定会失望，因为当下的冲突只是内心冲突积攒到一定程度后的最终爆发。要想解决问题，就必须深入探索，看清深藏在背后的冲突。

内心的冲突有被外化的可能，并且会被患者意识到，于是，他会发现自己与所处环境之间的矛盾。或者，当患者发现那些看似毫无缘由的恐惧和压抑违背了他的意愿时，他可能会意识到自己内心的冲突或许还存在着深层的原因。

对一个人了解得越深，对那些导致神经症外显症状、自相矛盾和表面冲突的矛盾因素，我们就越容易加以识别，但我要补充一点，这种情况会加深人们的困惑，因为无论从种类还是数量上来看，矛盾都变得更多了。因此，我们会提出这样的疑问：在一切冲突的背后，是否还存在着一个基本冲突，而它就是所有冲突的基础？我们是否可以借助一段不和谐的婚姻来解释冲突的结构？这段婚姻表面上充斥着不相干的分歧和纠纷，关系到亲友、子女、家庭财产和日常饮食等，而这些矛盾恰恰源于这段婚姻关系中的基本冲突。

人们确信在人格中存在基本冲突，这种观念由来已久，它在各类宗教和哲学中都发挥着巨大的作用，表现为光明与黑暗、上帝与魔鬼以及善与恶之间的种种对峙。在现代心理学中，关于这一点以及其他很多方面，弗洛伊德所做的理论研究都具有开创性意义，他首先认定，在基本冲突的两方中，一方是盲目探求满足的本能驱动力，另一方则是由家庭和社会形成的危险环境。一个人从幼年时期开始，危险的环境便内化于他的人格之中，并在此后以超我的形式出现，非常恐怖。

这是一个严肃的论断，不太适合在这里进行探讨，因为那需要将所有对力比多理论持反对意见的观点都加以详述，因此，我们倒不如搁置弗洛伊德的理论前提，转而直接理解这种观念本身的意义。于是，我们的面前就只留下这样一个论点：一切冲突的根源就是原始的利己驱动力与良知之间的矛盾。如同我即将阐明的那样，对于这种矛盾（或者在我看来与这种矛盾大致相当的东西）在神经症结构中的重要地位，我是持肯定态度的，但对于它的基本属性，我的观点却与别人不同。在我看来，主要冲突在神经症的发展进程中必定会表现出继发性的特点。

为什么我会有这样的看法？关于这一点，我将在后文中详细阐述，在这里，我只想说：我并不认为欲望与恐惧之间的任何冲突足以令一个神经症患者的内心分裂得如此严重，也不认为这样的冲突能够毁掉人的一生。弗洛伊德所说的那种精神状态，意味着患者依然有能力为一定的目标而努力，只不过他的努力受到了恐惧的阻碍。而我则认为，冲突的根源在于患者已经失去了全力以赴的能力，因为他的愿望本身就是支离破碎的，换句话说，他的一切愿望都是相互矛盾的。如此一来，患者的状态便比弗洛伊德的论断要复杂得多。

虽然在我看来，基本冲突的破坏性要比弗洛伊德所认为的更大，但在最终解决矛盾的可能性上，我却比他持更乐观的态度。弗洛伊德认为，基本冲突具有普遍性，从原则上来讲是无法解决的，我们能够做的只有尽量控制或者不断妥协。但我认为，神经症的基本冲突并非最早爆发出来，即使真的爆发了，只要患者能够积极配合，克服分析中的困难，依然有可能解决冲突。我和弗洛伊德的理论的确存在差异，但并非乐观与悲观的区别，而是我们的出发点不同，因此才会得出不同的结论。

后来，在对基本冲突进行解释时，弗洛伊德表现出了哲学上的魅力，但如果暂且不谈他的各种暗示，他有关生死本能的观点可以归结为人类的建设性力量与破坏性力量之间的冲突。弗洛伊德并不想将这个概念和冲突相联系，他关注的是这两种力量的融合方式。比如，在他看来，受虐和施虐的驱动力是性本能和破坏本能彼此结合的产物。

我的这种观点如果被应用于对冲突的研究中，就有必要引入道德观念。但在弗洛伊德看来，在科学研究领域，道德观念毫无立足之地。他按照自己的信念所构建的心理学,将道德观完全排除在外。然而,在我看来,弗洛伊德的理论以及在此基础上构建的治疗方法,正是因为"忠实于科学",才会受到限制,变得狭隘。也可以说,正是因为这样的努力,他才会走向了失败。尽管他在这一领域进行了深入的研究,但依然无法认清冲突对神经症的影响。

对于人类的相互冲突,荣格也给予了高度的重视。由于对个体所存在的各种矛盾深有感触,荣格因此归纳出这一规律:一个元素的存在,就意味着其对立面的存在。外表柔弱则内心坚毅;表面外向则实际内向;表面理性、注重思考,则内心富于情感,等等。由此看来,荣格似乎是将冲突纳入神经症的基本特征之列,然而他又认为对立的两面之间并不会发生冲突,而是互相接纳对方,形成互补的关系,并且趋于完美的状态。在他看来,神经症患者由于关注点过于片面,因此才会囿于其中不能自拔。荣格的"互补法则"对此有所论及。当然,我也赞同在完整的人格中包含了一些彼此互补的对立倾向,但我认为,是神经症冲突导致了这些因素的产生,患者对此非常执着,因为这些因素便是他在解决冲突的过程中所做出的尝试。比如,一个内向的人,他寡言少语,只关注自身的感受,对他人则漠不关心,假如我们将这种表现视为某种真正的倾向，换句话说，这种表现取决于机体素质，并且在个人的成长过程中被强化，那么我们就可以认为，荣格的推理是正确的，于是，有效的治疗方法便是这样的：首先要让患者知道，他具有潜在的"外倾"倾向，而偏重于任何一种倾向都是危险的，接着，鼓励患者全盘接受这两种倾向，并将两者全部应用于生活中。但如果将患者的内倾（或者，我更愿意将其称为神经症孤独倾向）视为逃避冲突的一种手段，那么我们就不能再鼓励他外倾，而是要通过分析找出被内倾所掩盖的冲突。只有当这些冲突得到了解决之后，才能有望构建完整的内心世界。

下面我要阐释我的观点。我认为，从一个人对他人的矛盾态度中可以发现神经症的基本冲突。在做详述前，我们先来回味一下"化身博士"的故事。作者在这个故事中生动地描述了这一矛盾：海德先生有着温柔、敏感、善良、慈悲的品性，但同时又兼具冷酷、残忍和自私的恶习。当然，这并不意味着神经症分裂都有如此的表现，我仅仅是想说，患者对待他人的态度往往蕴含着根本的矛盾。

要想对这个问题追根溯源，我们首先必须对我称之为"基本焦虑"的这一概念进行讨论。这个概念是说，在一个充满潜在敌意的世界里，儿童患者所感受到的孤独和无助。这种不安全感可能来源于外部环境中的各种不利因素，比如：直接或间接的约束；冷漠、错误的教育方式；不重视孩子的个人需求；缺乏引导；轻视孩子；过度表扬或完全不表扬；缺乏温情；父母不和，强迫孩子做出选择；让孩子承担过多的责任或者放任自流；过度溺爱；限制孩子的社交活动；不公正；有偏见；言而无信；制造敌意，等等。

在这里我要特别强调，孩子对环境中的虚伪具有敏锐的感知能力。在他们看来，父母对他们的爱可能是假象，父母参与的慈善活动可能是假象，父母诚实、无私的举动也可能是假象。事实上，这些行为中的一部分的确是假象，但其余的可能仅仅是孩子感受到了父母行为中的矛盾而产生了下意识的反应。一般来说，造成这种情况的因素会同时出现，表现得或明显，或隐蔽，因此，分析师只能慢慢地发现这些因素给孩子成长带来的影响。

这些困扰令孩子们感到非常不安，他们急于找到应对的方法，以便在这个险恶的世界中生存下去。对于外界，他们充满了怀疑和恐惧，但他们依然在无意中构建着自己的生存手段，以此来应对周围的环境。在这个过程中，他们形成了自己的策略，塑造出自己的性格倾向，并且将其纳入自己的人格中。我把这些倾向称为"神经症倾向"。

要想了解冲突产生的缘由，我们的关注点就不能仅限于个体的趋势，而是要从全局出发，观察孩子在这种情况下可能采取的行动和实际采取的行动。尽管我们暂时观察不到行动的细节，但却可以清晰地看到孩子们以什么样的态度应对外界。在初始阶段，我们所看到的情况可能非常混乱，但随着时间的推移，有三种倾向会逐渐明确：孩子可能会亲近他人，或者对抗他人，或者回避他人。

当孩子与人亲近时，尽管他还有距离感，也会有所担忧，但他能够正视自己的孤立无援，渴望获得他人的好感，让自己有所依赖。只有如此，他才能安心地和别人在一起。当家中出现了纠纷时，他往往会选择强势的一方，因为这样能够让他获得归属感和支撑感，避免再次陷入孤立无援之中。

当孩子对抗他人时，他所正视的是外部环境中的敌意，在他看来，敌意的存在是理所当然的，于是他会有意或无意地进行对抗。对于别人的情感和意图，他一味地持怀疑态度，并且想方设法与之对抗。出于自我保护，也是出于报复的目的，他渴望变得强大起来，强大到足以击败对手。

当孩子回避他人时,他既不想依赖谁,也不想对抗谁,而只想独来独往。在他看来,自己与别人不同,别人不会理解自己。他沉浸在大自然、玩具、图书和梦想组成的世界中,这是只属于他的世界。

这三种心态中的任何一种都夸大了基本焦虑所包含的某种倾向:第一种是无助状态,第二种是敌对情绪,第三种是独来独往。但实际情况是,孩子的态度不会只是其中之一,因为每一种倾向的形成,都必定伴随着其他两种倾向的产生,我们能够观察到的仅仅是占据主导地位的那种倾向而已。

如果我们换个话题,将关注点转向充分发展的神经症上来,那么我们对于前面所讲的内容就会理解得更为透彻。我们或许都曾见过这样的成年人,在他们身上,前面所说的三种态度中的某一种会明显地表露出来,但这并不妨碍他同样表现出其他两种态度。比如,一个依赖感和顺从感非常强的人,同样会表现出攻击性和独来独往的需求;一个在人际交往中表现出明显敌意的人,同样会有顺从的表现以及独处的需求;一个喜欢离群索居的人,同样不乏敌意,并且希望获得友情。

但占据主导地位的倾向对实际行动起到了决定性作用，它代表着患者在人际关系中使用得最为娴熟的手段和方法。所以，自我孤立的人必然会下意识地与人保持一定的安全距离，因为一旦有他人在场，他便会感到无所适从。另外，所谓占据主导地位的态度，往往是患者最易接受的心态，当然也并非一贯如此。

但我们并不能因此便忽视那些表现不明显的倾向，它们的影响力同样不可小视。比如，一个人表现得对他人非常依赖和顺从，但这并不证明他对亲近感的需求必定强于支配欲，他的攻击性或许只是没有直接表现出来罢了。我们从很多案例中都可以看到，潜在的次要倾向或许威力更大，并且在一定时候会争夺主导地位。无论在儿童还是成年人身上，我们都能发现这样的逆转。在英国小说家毛姆的作品《月亮和六便士》中，斯特里克兰德这一人物便是非常典型例子。而很多女性患者也会经历这样的转变。一个女孩原本性格叛逆，野心勃勃，像男孩一样，但当她有了恋人后，忽然就变得性情温顺、小鸟依人，并且放弃了所有理想。或者，一个独来独往的人在经历了重大的变故后，可能会变得异常依赖他人。

在这里，我想补充一点，这种转变或许可以解答以下这些常见问题：一个人成年后的人生经历是否再无意义？童年时期结束后，我们是否再也不会改变了？只要从冲突的角度观察神经症的发展，我们的回答就会比人们的普遍看法更加恰当。比如，以下情况很有可能发生：假如一个人在儿童时期没有接受严格的教育，那么此后的经历，特别是青春期的经历就可能对其性格造成影响。但假如一个人在儿童时期被严加管教，那么此后的任何经历都无法改变他的性格。一方面是因为他的刻板使他拒绝接受新的事物，比如，他可能极度的自我孤立，拒绝别人的接近，或者，他可能严重依赖他人，甘愿接受他人的支配；另一方面，是因为他总在用旧观念看待新事物，比如，一个攻击性强的人，当他遇到别人对他表示友好时，他会将其视为愚蠢的表现，或者认为对方居心叵测，在这个过程中，他的旧观念变得更加顽固。如果一位神经症患者在进入青春期或成人期后表现出的态度不同于以往，人们或许会认为他的性格发生了改变，但其实，这种改变并不会像表现出来的那么明显。实际情况是，在内在压力和外在压力的双重强迫下，他不得不放弃以往占据主导地位的倾向，从一个极端走向另一个极端。但出现这种改变的前提是，冲突从一开始便存在。

在正常情况下，这三种倾向是不会相互排斥的。一个人对他人既可以做出让步，也可以与之对抗，甚至可以断绝交往，三种倾向可以互补、平衡且统一。只有当某一方面发展过度时，相应的倾向才会居于主导地位。

然而，有很多理由可以证明，在神经症中，这些倾向是无法彼此协调的。神经症患者无法随机应变地对外部环境做出反应；他只能被动地顺从、抗拒或回避，却完全不考虑这些举动在特定的情况下是否恰当。而一旦采取了其他行动，他又会感到惶恐不安。因此，当这三种倾向同时明显地表现出来时，就意味着他已经陷入了剧烈的冲突之中。

扩大冲突范围的另一个因素，便是上述各种倾向并不局限于患者的人际关系中，还会影响到患者的整个人格，犹如恶性肿瘤细胞向机体的各个器官组织扩散。最终，这些倾向不仅掌控着患者的社会交往，而且掌控着患者对待自身和对待生活的态度。如果我们对这种掌控的特性缺少足够的认识，那么就很容易将冲突的结果误认为是绝对的矛盾，比如，爱与恨、顺从与抵制、服从与对抗等，这只会令我们走上错误的道路，如同在区分法西斯主义和民主制度时，如果关注点只局限在它们对于某个问题的相反态度上（比如对于宗教问题和权力问题的不同态度），那么势必会产生谬误。要知道，民主制度和法西斯主义是两种截然相反、互不相容的哲学，而单纯强调态度上的差异，就会忽略了这一事实。

起源于人际关系的冲突最终会影响我们的整个人格，这种情况并不少见。人际关系意义重大，它影响着我们气质的形成，影响着我们人生目标和价值观的形成。而这一切又反过来影响着我们的人际关系，可见，它们之间是相辅相成的。（注释：既然神经症患者对待他人的态度与对待自己的态度不能分开看待，那么很多精神疗法刊物上发表的一种观点就无法成立了，这种观点是：我们对待自己的态度与对待他人的态度，这两者中必然有一种具有更加重要的理论与临床意义）

我认为，产生于矛盾态度的冲突构成了神经症的核心，因此应该被称为"基本冲突"。此外，我之所以使用"核心"一词，不仅是为了指出其重要性，还为了强调它是神经症的能动中心，神经症由此向外扩散开来。我的这个观点正是神经症新理论的内核，它认为，神经症体现了人际关系的紊乱。从广义上来讲，这个理论扩展了我的早期观点。在后文中，我将对其含义进行具体的说明。

第三章
亲近他人

单纯描述基本冲突在个体身上的表现尚不足以将其解释清楚。这是因为基本冲突的破坏性太强，患者为了抵御这种破坏性，便构筑起一道防线，将基本冲突深深地掩藏起来，使其无法被看清楚，因此，基本冲突不可能以单独的形式出现。这样一来，表面上能够看到的便不是冲突本身，而是为了解决冲突所进行的各种尝试。所以，仅仅关注病史的细节只会看到一些无关紧要的东西，而无法发现被掩盖起来的细小差别，反而使问题更加模糊不清。

另外，对于前文中的概述，我还要做进一步补充说明。要想理解基本冲突的全部内涵，我们首先需要单独研究每一个对立因素。取得成功的关键是对以某种因素为主导的个体进行观察，而那个因素便是他们最认同的自我。

我把个体简单分为顺从型、对抗型和孤立型三种人格。（注释：我用"类型"一词来简单区分几种鲜明的个性。虽然我很想创立一种新的概念，但这需要以更广泛的理论基础为前提。因此，在本书中，我不打算创立新的概念。）我将重点放在患者更容易认同的态度上，尽量不考虑被其掩藏的冲突。我们可以发现，每一种类型中的某些需求、品格、敏感、压抑、焦虑以及一些特殊价值，都源于业已形成的对他人的基本心态。

这种研究方式或许存在一些弊端，但其优势也很明显。首先，态度、反应、信念等一系列功能和结构在我们所选择的研究类型中表现得比较明显，因此，即使它们只是隐约显现，我们也能够轻易加以识别。另外，对典型症状的研究可以帮助我们发现这三种态度的本质区别。我们再来看看民主制度和法西斯主义之间的对比。要想找出这两种意识形态之间的本质区别，我们最初的研究对象不可能是一个既信仰民主制度，同时又私下拥戴法西斯主义的人，相反，我们首先可以根据国家社会主义的相关资料与实践活动来大致了解法西斯主义的观念，接着再将其与最具代表性的民主生活方式做对比。这种方法能够帮助我们理解那些试图在两种意识形态之间寻求平衡的个人和群体。

第一组是顺从型人格。他非常渴望得到别人的喜爱和赞赏,因此会表现出所有"亲近他人"的特点。此外,他特别需要拥有一位"伙伴","对于他在生活中的一切需求,这位伙伴都能给予满足,还能帮助他辨别善恶,最重要的是能够控制他",这位伙伴可能是朋友、恋人、丈夫或妻子。这些需求具有一切神经症倾向的共同特点,即强迫性和盲目性,并且会在受挫后引发焦虑感和悲伤感,它们几乎无关他人的价值,也无关患者对他人的真实情感。或许这些需求会有不同的表现形式,但它们都以渴望亲密感和归属感为核心。由于这些需求都是盲目的,因此顺从型的人总要强调自己与他人志趣相投,而无视那些不同之处。他对别人的这种误解源于他的强迫性需求,而非源于无知、愚昧或观察力不足。就像一位患者所描绘的那样,她觉得自己像一个弱小、无助的婴儿,被一群恐怖的动物所包围,一只大蜜蜂在她周围环绕,企图向她发起攻击,还有一条狗要咬她,一只猫要抓她,一头牛要撞她。显然,这些动物的实际特征并不重要,而这位患者渴望得到的"喜爱"才是最具攻击性和威慑力的。总之,该类型的人非常需要他人的喜爱、需求、思念和爱戴;需要他人的接纳、欢迎、夸赞和敬佩；需要他人的关注，特别是某个人的关注；需要他人的帮助、保护、照料和指导。

在患者看来，这些欲望都很"正常"，因此，当分析师向他指出这些要求的强迫性时，他往往会为自己辩解。当然，有些人被施虐倾向所扭曲（我们将在后文中对此进行讨论），他们对情感的渴望已经彻底丧失，但除此之外，任何人都希望得到别人的喜爱，都追求一种归属感，都渴望获得别人的帮助。而患者的错误则在于，他认为自己对情感和赞美的过度需求是真心实意的，但事实上，他只不过是在安全感上有着永远无法满足的渴求。

他对安全感有着如此强烈的需求，因此，他的一切努力都是为了这个目的。在这个过程中形成的品格和态度塑造了他的性格，这些品格和态度有一部分确实讨人喜欢，即他对别人的需求非常敏感，当然，前提是，他能够在情感上理解这些需求。比如，当一个有孤立倾向的人有独处需求时，他可能无法察觉，但当别人有怜悯、帮助、赞同方面的需求时，他却能够敏锐地察觉到。当别人对他有所期待，或者他自认为别人对他有所期待时，他会自觉自愿地给予满足，因此往往忽视自己的感受。如果不考虑他对别人的喜爱有着贪得无厌的要求，那么他的确显得慷慨、无私，甘愿牺牲自己。他变得过分顺从、周到（当然是在他力所能及的限度内），但其实，他的内心深处对别人毫不关心，在他看来，人们都是虚伪和自私的。但如果让我用意识的术语对这种无意识的东西加以描述，我会说：他强迫自己相信所有人都是值得信任的"好人"，强迫自己喜欢他们，但这一错误只会给他带来失望感，并且让他越发没有安全感。

这些品格并不像他自己所认为的那样可贵，特别是他的行为并没有融入自己的感情或判断，他只是盲目地付出，同时又渴望获得同等的回报，因此，一旦事与愿违，他便会深感不安。

与此相似的另一种品格表现为，当对他人怀有不满、想要争吵、想要竞争时，便会采取逃避的态度。他把自己置于从属地位，无怨无悔地（至少这一点是主动的）让别人成为主导，自己则扮演着安抚、调和的角色。他深藏起报复或取胜的欲望，甚至会惊讶于自己居然能够如此轻易地做出让步并且毫无怨言。还有一点很重要，那就是他倾向于主动承担过错。他完全不考虑自己的感受，即使并没有感到内疚，他都会把错误揽到自己身上；哪怕他面对的指责毫无道理，哪怕他早已预料到会受到攻击，他都会在第一时间承认错误,并且做出深刻的反省。

这些态度会逐渐转化为压抑感,其间会经过一个微妙的过程。由于他回避一切攻击行为,因此便会压抑自己。他不敢坚持自己的意见,不敢指责别人,不敢对别人提出要求,不敢发号施令,不敢表现自己,也不敢追求什么。此外,他在生活中完全以别人为中心,他的自我压抑不允许他有所作为,也不允许他享受生活。如此发展下去,他会觉得,无论是吃一顿饭、看一场演出、听一段音乐、欣赏一处风景,还是做其他任何事情,只要少了别人的陪同,便没有一点意义。毫无疑问,如此苛刻的自我约束不仅会使他的生活失去色彩,还会增加他对别人的依赖感。

这一类型的人除了将前面列举的品格想得过于完美之外,在对待自己的态度上还有一些特别之处,其中之一便是他深感自己是个脆弱且无助的人,总是用"渺小""可怜"之类的词来形容自己。独处会使他感到迷茫,仿佛小船迷失了航向,又如失去了教母的灰姑娘一般。这种可怜相有其真实的一面。设身处地来想,如果一个人在何时何地都有一种无助感,那么他的确会变得非常脆弱。另外,他从不向自己或别人掩饰这种无助感,甚至梦到的自己也是一副可怜相,他还会以自己的无助来引起别人的关注,或以此作为自我防御的手段:"我是如此的脆弱和无助,所以你一定要爱我、呵护我、谅解我,不能丢下我不管。"

第二个特点源于他甘居从属地位的倾向。在他看来,别人必然比他优秀,因为他不如他们有吸引力、有智慧、有教养、有价值。他的这种感觉并非空穴来风,缺少信心和主见必定会令他的能力受损;即便在他有绝对优势的事情上,即便他已经取得了一定的成绩,他也会因为自卑而将成绩拱手相让,因为他觉得别人比他能力更强。面对具有攻击性或盛气凌人的人,他会感到自己越发渺小和无用,即使只有他一个人,他也倾向于贬低自己的品格、天赋、能力以及财富。

第三个特点是他的依赖性的一部分,即他会下意识地用别人对他的看法来评价自己。当别人赞美他、喜欢他时,他的自尊感就会变强;当别人贬低他、讨厌他时,他的自尊感就会变弱。对他而言,别人的任何拒绝都会给他带来巨大的伤害。如果他邀请了对方,而对方没有回请,尽管他也能理智地看待这件事,但他内心独特的逻辑方式会令他的自尊降到冰点。也就是说,在他看来,任何指责、拒绝或背叛都是恐怖的威胁,因此,一旦有人对他造成这样的威胁,他便会竭尽全力挽回对方对他的尊重。当有人在他的左脸上扇了耳光后,他会主动将右脸凑过去让对方继续扇,之所以这样做,并非是某种神秘的"受虐狂"驱动力所致,而是因为他的内心指令要求他必须如此。

他独特的价值观就是在此基础上形成的。当然,这些价值观有多清晰、多坚定,取决于他有多成熟。它们涉及的品格包括善良、怜悯、爱、慷慨、无私和谦逊等;并且痛恨自私、冷漠、傲慢、狼子野心和挟势弄权等,但由于它们具有"力量"的意味,因此他或许也会暗暗地赞同。

以上所描述的就是神经症"亲近他人"所具有的特点。显然,单纯使用"顺从"或"依赖"之类的术语来描述这些特点并不恰当,因为这些特征所呈现的是一套系统的思维方式、感觉方式和行为方式,也可以说是一种生活方式。

我曾说过,我不打算探讨那些相互矛盾的因素,然而,要想充分理解患者是怎样坚持这些态度和信念的,就必须了解主导倾向是怎样通过压抑相反的倾向而得到强化的。所以,我们暂且快速浏览一下这幅画面的反面。对"顺从型"进行分析时,我们发现患者对自己的攻击性采取了压制的态度。表面看来,这些患者非常关心别人,但实际上,他们对别人相当冷漠,要么蔑视别人,要么下意识地企图利用、掌控和支配别人,要么渴望超过别人,要么追求报复性的胜利。当然,被压抑的内驱力在类型和强度上存在差异,部分原因是他们在童年时期所遭遇的不幸。比如,一位患者的成长史显示,他在5~8岁时脾气暴躁,此后逐渐变得越来越顺从。但是,很多因素都会随时引发敌对情绪,所以,一个人在成年后,随着阅历、经验的增加,其攻击性也可能会随之增长。为了避免超出本书所探讨的范畴,我们在此只对这些问题进行简要的说明:谦逊、善良的人可能会遭到欺凌或利用,依赖他人会导致自己更加懦弱,因此,当无法满足对情感或赞美的需求时,患者反而会感觉受到了忽略、拒绝和侮辱。

当我说所有这些感觉、驱动力、态度都受到"压抑"时,我是按照弗洛伊德对"压抑"的理解来使用这一术语的。在弗洛伊德看来,患者对压抑是无意识的,并且希望永远也意识不到它们,甚至非常担心在自己或他人面前有所暴露。所以,任何一种压抑都会引发这样一个问题:患者到底是出于什么目的才要压抑自己内心的某种驱动力?从顺从型的案例来看,有很多种可能性,但我们必须先了解理想化意象和施虐倾向，然后才能理解大部分可能性。在此，有一点是我们可以理解的，即敌对情绪会对患者付出爱和得到爱的需求造成威胁。另外，他还认为，任何攻击性行为乃至自主行为都是私欲的表现，因此，他会对这些行为表示谴责，并且相信别人也持这种态度。他绝不敢让自己成为受谴责的目标，因为他的尊严完全取决于别人对他的看法。

为了解决冲突，制造一种统一、完整、整合的感觉，神经症患者会进行种种尝试，其中一种便是压抑具有肯定、报复、野心等性质的情感和冲动。对人格统一的渴求并不是一种神秘的欲望，一方面，只有人格统一才能正常生活，而受到反方向驱动力的拉扯则无法实现这一点；另一方面，毕竟没有人愿意自己人格分裂。在整合人格的过程中，突出一种倾向，压制其他倾向，这是患者的一种无意识的尝试，也是他们解决冲突的一种重要方法。

于是，我们发现，患者对所有攻击性冲动采取压制措施，其目的有两方面：其一，为了确保自己的生活方式不受威胁；其二，为了确保自己人为的统一不受破坏。攻击倾向的破坏性越强，压制的力度也就越大。患者会竭尽所能避免流露出对任何事物的欲望，他从不拒绝别人，对所有人都表示喜爱，一味地隐藏在幕后。也就是说，患者强化了顺从和讨好的倾向，使其更具强迫性，更为盲目。

当然，即便做出了这些无意识的尝试，但被压抑的冲动依然会表现出来或发挥作用——其表现形式与神经症的结构相适应。患者会以自己可怜为理由来要求别人，或者借"爱"的名义暗中支配别人。敌对情绪压抑到了一定程度就会爆发出来，表现为狂躁易怒。情绪的恶化违背了患者对温情的要求，但在他看来却很自然。从患者的立场来看，他的确没有错，因为他并没有意识到自己对别人有着自私且过分的要求，他只会觉得别人待他不公，让他难以容忍。最终，敌对情绪再也压抑不住了，怒火便爆发出来，甚至造成了头疼、胃病等身体上的功能性障碍。

所以，顺从型的大部分属性都具有双重动机。比如，他的低调可能是为了与人和谐相处、避免摩擦，但也可能是他自我压抑的手段之一；他的退让可能是为了表达顺从和善意，但也可能是为了克制自己企图利用他人的欲望。要想克服神经症的顺从倾向，就有必要对冲突的两个方面进行深入的分析。在观念保守的精神分析刊物中，我们往往会看到这样的观点，似乎精神分析的本质便是"将攻击性驱动力加以释放"。但这种观点只会暴露出对神经症结构的复杂性，特别是多样性缺乏了解。或许就某一特殊类型而言，这种观点有其合理性，但即便在这一类型中，其合理性也十分有限。应当承认，攻击性驱动力的确需要释放，但以"释放"作为终极目标只会伤害患者。所以，只有继续深入分析冲突，最终才能达到整合患者人格的目的。

爱情和性欲在顺从型中的作用也要引起我们的关注。在患者看来，他唯一的追逐目标就是爱情，没有爱情，生活就会变得单调乏味。如同弗里茨·维特尔斯在描述强迫性追求时所说的那样——爱情就是被追逐的幻影。一旦缺少了爱情的滋润，那么人、自然、职业、娱乐和兴趣都将失去价值。在我们的文化背景中，似乎女性更容易表现出这种对爱情的痴迷，因此，人们往往会认为渴望爱情是女性所独有的特点。然而，实际上，这种痴迷无关性别，它仅仅是神经症的一种表现形式，是一种非理性的强迫性内驱力。

对顺从型的人格结构有了一定的了解后，我们就会明白患者看重爱情的原因，以及他沉迷于其中的理由。矛盾的强迫性倾向使得他只能通过爱情来满足所有的神经症需求，无论是被喜爱的需求，还是（通过爱情）控制他人的需求；无论是将自己置于从属地位的需求，还是（通过对方一心一意地付出）突出自己的需求。爱情使他在释放攻击性驱动力时显得合理而单纯，甚至值得赞赏，同时还给他提供了展现所有美好品格的机会。另外，由于他并不知道是内心的冲突导致了他的痛苦和纠结，因此，他便视爱情为疗伤的"解药"，他坚信，只要得到了爱情，他的情况就会有所好转。在我们看来，这种愿望显然是不切实际的，但我们依然需要理解这种无意识的逻辑："这个世界充满了敌意，脆弱无助的我根本无法独自存活，我只会被无助感拖入危机的漩涡。但如果我找到了把我当作至爱的人，得到他（或她）的保护，那么我便会远离一切危险。只要有了他，我便再无奢求，因为他能够理解我，会给予我所需要的一切，甚至无须我的请求或解释。如此看来，脆弱也并非坏事，因为这会唤起他对我的怜爱，使我有所依赖。我不想主动去做任何事，但如果是对他有利的事情，或者是能够满足他的要求的事情，我就会迫不及待地主动去做。"

他一步步系统而清晰地对自己的思维和推理进行重建。其中，有些步骤经过了思考，有些步骤则仅凭感觉，但大部分都是无意识的行为，他继续推想："对我来说，独处实在太痛苦了,我会被绝望感和焦虑感所包围,而且任何无人分享的东西都会令我感到兴味索然。周末晚上独自一人看电影或读书是件很没面子的事,因为那样我会觉得没有人愿意和我相处,所以我必须认真安排,决不能让自己有任何独处的机会。但如果我有了爱人,我就会从这种痛苦中解脱出来,不再孤身一人。而预备早餐、上班、观看日落之类毫无意义的事情,都会从此变得有趣起来。"

他还会想:"我缺乏自信。在我看来,别人在能力、魅力、天赋等方面都要强过我。无论我多么努力,都不能在工作中获得成就感,即使我完成了工作,也不过是侥幸而已,无法证明我能够胜任这项工作。真正了解我的人会发现我其实毫无优点,令人厌恶。但如果有人爱上了真实的我,并且非常看重我,那么别人就会对我刮目相看了。"难怪爱情如同海市蜃楼一般诱人,也难怪人们会沉迷于其中不可自拔,从而放弃了"从内在改变自己"这条艰难的道路。

基于这样的情况,性交除了具有生物性功能外,还体现了一种价值,即证明自己被需要。顺从型患者越是孤立自己(不敢流露真情),或者越是不敢奢望被爱,其性行为取代爱情本身的可能性就越大。在他看来，性行为是构建亲密关系的唯一途径，他还会高估它在解决矛盾中所发挥的作用，就像他高估了爱情的作用一样。

其实，顺从型患者对爱情的期待完全源于他的生活逻辑，要想明白这一点，我们需要小心地避免两个极端，其一便是避免将患者对爱情的追逐视为理所当然的事情，其二便是避免草率地冠之以"神经症"。在神经症的症状中，我们往往——或许也是必然会发现，患者有意或无意间的推论都能够自洽，只不过其出发点却是错误的。因为患者完全没有考虑自己的攻击性倾向甚至破坏性倾向，而将自己对情感以及相关事物的需求错误地当成了自己拥有爱的能力。也就是说，他完全忽略了神经症冲突。他试图在不改变冲突本身的情况下，将冲突的不利后果消除。任何一种试图消除冲突的尝试都具有这样的特征，而这也恰恰导致了尝试的失败。但是，我要针对把爱情视为解决方式的情况再多说一句。假如这些顺从型患者幸运地找到了一位内心强大到能够包容他们的伙伴，或者这位伙伴的神经症恰好与他互补，那么他的痛苦便有可能大幅缓解，甚至在某种程度上能够感受到幸福。但真实情况往往并不那么理想，毕竟尘世间没有天堂，他的追逐只会令他深陷不幸之中，他很有可能将自己的冲突带进这段关系，从而毁掉这段关系。哪怕这段关系的确有可能缓解他的痛苦，但只要冲突还在，他就无法实现健康发展。

第四章
对抗他人

基本冲突的第二个方面表现为"对抗他人"的倾向，我们将沿用前面的方法，通过考察攻击性倾向占据主导地位的类型，对这一类型进行讨论。

在顺从型看来，人都是善良友好的，然而现实却总是颠覆他们的想象；而在对抗型看来，人都是邪恶、充满敌意的，即使发现事实并非如此，也拒不承认错误。对他而言，生活犹如战场一般，人们都在力争维护自己的利益，他只是极不情愿地承认有个别的例外。有时候，他的态度非常明确，但多数情况下，他的态度被礼貌、正直和友善的外表所掩饰。这种外表混合了虚伪、真情和神经症倾向，可以用阴谋家的权益手段来打比方。这一类型的患者渴望给别人留下好印象，这种渴望或许在一定程度上是出于真心,特别是当他能够确信自己的支配地位时。这其中或许包含了一些对情感和赞美的神经症需求,而这种需求却是为攻击性目标服务的。顺从型则不需要这种"外表",因为他的价值观始终符合社会或宗教所认可的美德标准。

与顺从型患者相同,对抗型患者的需求也带有强迫性。只有意识到他们的需求同样是由焦虑所致,我们才能对此有所理解。这一点非常重要,因为顺从型有着明显的恐惧感,而对抗型却从不承认或从不表现出恐惧感。对他而言,任何事情都是、或者会变得是、或者至少看似是困难的。

如同达尔文所提出的那样,这是一个优胜劣汰、适者生存的世界,而在攻击性患者的眼中,世界就是这样一个战场,文化背景决定了生活于其中的人能否生存下去,但无论如何,为己谋利都是第一法则,而攻击性患者的需求恰恰源于这种感受。于是,他以控制别人为基本需求,通过各种手段来满足这一需求,他有可能直接行使权力,也有可能借体恤别人或激发别人的义务感来间接地达到目的。他或许更愿意隐藏在幕后,经过深思熟虑,一切都被他所掌控。采取这样的控制方式,其出发点一方面是由他的天赋决定的，另一方面是各种冲突倾向的融合所导致的。比如，一位对抗型患者同时还有自我孤立的倾向，于是他会避免直接控制别人，这样便无须与别人发生更多的接触；如果他内心希望被别人喜爱，那么他也会选择间接的控制手段；如果他想在幕后操纵，那么他必须利用别人来达到自己的目的，此时他便会表现出施虐倾向。

同时，他还想要超越众人，想要名利双收。他为此付出的努力在一定程度上都以权力为目标，因为在竞争激烈的社会中，获得了名利就意味着获得了权力。而这些努力换来的别人对他的认可和赞美，以及比别人更高的地位，又会激发起他主观上的力量感。对抗型患者把关注的重点放在别人身上，这一点与顺从型相同，只不过这两者渴望得到的是不同类型的肯定，然而，无论是哪种类型的肯定，其实都是毫无意义的。当人们诧异为什么自己取得了成功却依然没有安全感时，这只能证明他们对心理学常识缺乏认识。他们错误地把名利视为判断标准，因此才会有了这样的困惑。

对抗型的需求包括了利用别人、算计别人、把别人变得有利于自己等强烈的欲望。无论是对待金钱、名望、人际关系、创意，还是其他任何局面和关系，他所持的立场都是"我能从中获得什么好处"。他会有意识或半意识地确信人人都是如此，因此，他必须比别人做得更好。他的性格与顺从型截然相反，他倔强、强势，或者让人感觉如此。他把自己或别人的一切情感都视为多愁善感。对他而言，爱情也是可有可无的东西。当然，这并不意味着他拒绝恋爱、结婚，或者与异性发生关系，只不过他想要的伴侣必须能够唤起他的欲望，并且其魅力、声望或财富必须能够帮助他提升地位。他觉得自己根本没有必要关心别人："我为什么要替别人操心？让他们自己管好自己吧。"如果向他提起一个古老的伦理学问题——有两个人在竹筏上，只有其中一个人能够活下来，此时应该怎么办——他会回答，只有笨蛋和虚伪的人才会选择放弃自己的生命。他拒不承认自己有恐惧感，总要竭力控制这种情绪。比如，即使害怕强盗的闯入，他也会强迫自己待在一座空房子里；即使对马有恐惧感，他也会坚持骑在马上，直到恐惧感消失；即使对蛇有恐惧感，他也会故意在有很多蛇的沼泽地里行走，以克服这种恐惧。

顺从型趋于讨好他人，而对抗型则争强好斗。当与人发生争执时，对抗型会表现得机智而敏锐，想方设法证明自己的正确，特别是当被逼入绝境时，他更是要一展身手。顺从型不敢争取胜利,而对抗型则一味追求胜利,无法容忍自己失败;顺从型总是责怪自己,而对抗型则总是推卸责任。但他们都没有过失感:顺从型的自责只是为了讨好别人,并非真的意识到自己的错误;而对抗型也并非确定别人是错的,他只不过是坚持认为自己是对的,因为这种主观的自我肯定正是他所需要的,正如军队需要有个安全的阵地,以此来发起进攻。在他看来,没有必要承认的错误就不需要承认,否则只会让自己显得愚蠢和懦弱,而愚蠢和懦弱恰恰是他最不能容忍的。

对抗型患者有一种深切的现实感,这构成了他的"现实主义"态度,这与他要对抗充满敌意的世界的态度是一致的。一旦别人的野心、贪婪、愚昧等表现对他实现目标造成了阻碍,他就绝不会"幼稚"地听之任之。他觉得自己只不过是看清了社会竞争的现实,在这样的文化背景下,自己这种个性比正直更常见,因此,这种做法是很正常的。事实上,他与顺从型一样有缺陷。他的现实观的另一面便是非常看重谋略和将来。他是一位优秀的谋士,会随时随地慎重分析自己的机会、对手的水平以及可能出现的陷阱。

在他看来,自己是最强大、最高明或最受尊敬的人,因此，他必须竭力提高自己的实力以证实这一想法。他工作积极努力，很有可能成为优秀员工，或是在事业上获得成功，然而，从某种意义上来讲，他的积极努力或许仅仅是假象，因为工作只是他为实现某个目标所采取的手段。实际上，他对所从事的工作并不感兴趣，更不会从中获得乐趣，这也正符合他在生活中对情感的排斥。拒绝情感会产生双重作用。一方面，这是为了取得成功而采用的权宜之计，他像一台不知疲倦的机器，不断地"生产"出能够令他提高权力和声望的"产品"，而情感的介入则会带来不利的影响，减少他的机遇——可能会使他对耍手腕来谋取成功之举感到羞惭，也可能会使他更加关注自然、艺术或朋友，而忽略了那些可以利用的人。另一方面，拒绝情感必定会导致内心缺乏激情，从而使创造力受损，降低工作质量。

对抗型患者看似不会压抑自己，能够公然表达愿望、命令、愤怒和防卫。但事实上，他的压抑和顺从型一样强烈。当然，他特殊的压抑方式使得我们无法立刻有所觉察，但其原因并不在于我们的文化背景。这些压抑已经融入了情感领域，对他的社交、恋爱、娱乐、情感表达等方面造成了影响，甚至就连无私的享受对他而言都是浪费时间的行为。

在他看来，自己有着强大、真诚和现实的内心，如果站在他的立场上，我们会发现他对事物的看法并没有错，他的自我评价也完全合乎逻辑，因为他所认为的内心强大就等同于冷漠无情，他所认为的真诚就等同于对别人漠不关心或者不留情面地揭穿别人的虚伪，他所认为的现实就等同于不择手段地达到目的。在他看来，敬业和博爱都是虚伪的表现，他能够轻易地揭露那些社会意识和宗教美德的本来面目。他在丛林法则的基础上建立起自己的价值观。他认为，强权就是真理，他人即地狱，仁慈和宽容都应该滚开。这种价值观与纳粹的观念非常相似。

无论是真正的支持和友善，还是其变种——顺从和讨好，都是对抗型所排斥的，这符合他的主观逻辑，但并不足以证明他无法分辨真伪。当他遇到真正友善且影响力很大的人时，他是能够主动结交并表示敬意的。只不过，他觉得把是非分得太清对自己有害无益。在他看来，这两种态度都会给生存斗争制造障碍。

那么，他为什么对善意采取坚决排斥的态度呢？他为什么会厌恶别人的情感行为呢？他为什么如此鄙视他所认为的不该有的善举呢？这类患者的所作所为就像是一个人因为不忍心看到乞丐的惨状,于是便将乞丐赶出门外,当然,他对乞丐或许真的很粗暴,他或许会无礼拒绝乞丐最简单的请求,做出这样的反应对他来说是非常合理的,在分析过程中,分析师也很容易观察到这一点,特别是在患者的攻击性倾向有所缓和时。其实,对于别人的"善意",他有着复杂而矛盾的感受,尽管他因此而小瞧别人,但他也希望别人是"善意"的,因为,这样一来,他就可以无所顾忌地追逐自己的目标。然而,为什么顺从型总能引起他的关注,就像他也总能引起顺从型的关注呢?尼采恰当地解释了这种心理动力:他让他的超人把一切形式的怜悯都视为"第五纵队",也就是隐藏在内部的间谍。在对抗型患者看来,"善意"既代表了真正的喜爱、怜悯等感情,还代表了顺从型患者的需求、情感以及行为准则中所蕴含的一切。再以乞丐为例,对抗型患者能够感受到自己内心的怜悯之情,觉得应该伸出援手,满足对方的请求,但同时,另一个更加强烈的要求命令他打消这个念头。于是,他最终不仅拒绝伸出援手,还粗暴地对待乞丐。

对于各种内驱力的期望,顺从型试图用爱来满足,而对抗型则试图用声望来满足。声望不仅使他更为自信,而且能够帮助他与别人相互吸引。他的冲突似乎都可以通过声望得到解决，所以，他把声望当作一种补救幻想去追逐。

在内在逻辑上，对抗型的思想与顺从型基本相同，因此这里只做简要说明。在对抗型患者看来，一切怜悯、一切为了表现"善意"而必尽的义务，以及一切顺从的态度，都违背了他所奉行的生活方式，并且会破坏他信念的基础。此外，这些对立倾向促使他必须面对自己的基本冲突，从而粉碎了他精心设计出来的统一性局面。最终，对温和倾向的压抑导致了攻击性倾向的增强，而其中的强迫性也受到了强化。

明确地认识了顺从型和对抗型后，我们就会发现，它们其实是两种截然相反的极端：一方所渴望的，却是另一方所唾弃的；一方认为四海之内皆朋友，而另一方则与所有人为敌；一方竭力避免对抗，而另一方则以对抗为自己的本性；一方沉溺于无助感，而另一方却将无助感与自己隔绝开；一方的神经症始终指向博爱理想，而另一方却信奉丛林法则。然而这些形式都是由他们的内心需要决定的，它们具有强迫性，且无法改变、无法折中，因此，他们根本不能自由地做出选择。

我们已经讨论了两种类型,接下来可以再进一步了。我们了解了基本冲突所蕴含的内容,以及冲突的两个方面在两种类型中占据主导地位的倾向。现在,我们要描述这样一个人,他同时被这两种对立的态度和价值观所支配。显然,两种力量相同却方向相反的驱动力将他撕扯得动弹不得。他只能挣脱掉其中一种驱动力,从而被另一种驱动力所掌控,这便是他解决冲突的方法之一。

以荣格的观点来看,这种情况属于单方面畸形发展,这一论断最多只是在形式上正确。由于荣格对驱动力的看法是错误的,因此,他在这一基础上建立起来的观点同样有着错误的内涵。荣格从片面的观点出发,认为分析师应该帮助患者接受自己的对立面。对此,我们会质疑:那可能吗?患者只能意识到自己的对立面,但根本无法接受它。如果荣格想借这个步骤来统一患者的人格,那么我认为:在最终的整合阶段,这一步骤必不可少,但它只能帮助患者面对自己长期回避的冲突。荣格忽略了神经症倾向在本质上所具有的强迫性。在"亲近他人"和"对抗他人"之间,并非只能用"弱"和"强"来划分,也并非只能用荣格所说的"女性气质"和"男性气质"来划分。每个人都同时具有顺从和对抗这两种潜在倾向。没有受到强迫性内驱力影响的人可以通过努力使人格达到某种程度的统一。但假如这两种倾向已经接近神经症的程度，那么它们就只会危害我们的成长。坏事与坏事相叠加并不会负负得正，彼此冲突的两个东西相叠加也不可能组成和谐的整体。

第五章
回避他人

基本冲突的第三种类型表现为对自我孤立的需要,也就是要回避他人。在对此进行探讨之前,我们首先要搞清楚神经症的自我孤立意味着什么。显然,它并不是说要偶尔享受孤独,每个认真生活、认真对待自己的人都偶尔会有享受孤独的需要。处在文明的社会中,我们的生活早已被填满,这使我们难以理解这种需要,然而历史上的各种哲学和宗教都在强调它有助于个人价值的实现。渴望有意义的孤独并不意味着患有神经症,恰恰相反,大多数神经症患者做不到深入自己的心灵,从而没有能力享受具有建设性的孤独,这倒是神经症的标志之一。只有当一个人在与人交往时感到无法忍受的紧张,并且试图通过自我孤立来缓解这种紧张感时,对孤独的渴望才是神经症的表现。

严重的自我孤立者会表现出某些明显的特点，因此，很多精神科医生会把这些表现视为孤立型的特点。从这些特点来看，其中最为突出的就是对人的疏远。这一点尤为引人关注，因为患者本人也会经常强调这一点，但事实上，他疏远别人的严重程度与其他神经症患者没什么区别。比如，在此前讨论过的顺从型和对抗型中，我们很难认定哪种类型更加疏远别人，只能说，在顺从型身上，这种特点被隐藏起来了，如果患者意识到了这一点，便会感到非常诧异和恐惧，因为亲近他人的强烈需要使得他坚信自己与别人是亲密无间的。从根本上讲，疏远他人只是人际关系失衡的标志之一，是所有神经症患者的共性，疏远的程度是由失衡的严重程度决定的，而不是由神经症的类型决定的。

对自我的疏远是另一种常被认为是孤立型所独有的特点，这一特点表现为感情麻木，对自己缺乏认识，无论是自己爱的、恨的、理想的、希望的、担忧的、厌恶的还是信任的东西，都一无所知。然而，事实上，这也是所有神经症患者的共性。神经症患者犹如一架被遥控的飞机，最终总会与自我失去联系。自我孤立者就像海地岛的神话中被巫术复活的僵尸一样：他们可以生活，可以工作，看似与活人没有区别，但实际上只是死人。而其他类型患者的情感生活则相对丰富一些。既然多样性是客观存在，我们就没有理由认定疏远自我只是孤立型的特点。所有的自我孤立者都有一个特性，即像观察艺术品一样，带着一种客观的兴趣来审视自己。或许这样的描述最适合他们：他们以"旁观者"的态度对待自己和生活，所以，他们往往能够有效地观察到自己的内心冲突。其明显例证表现为，对于梦中的情形，他们总能做出令人吃惊的深刻解读。

最关键的是，他们希望在自己和别人之间保持情感的距离，这是他们内心的一种需要。确切地讲，就是他们已经有意识或无意识地做出决定，不以爱情、争斗、合作、竞争等任何方式与他人建立情感上的联系，他们就这样在自己周围筑起高墙，把所有人都阻挡在外面。也是因为这一点，他们才会从表面看来似乎还是可以与人相处的。一旦外部因素侵入这座高墙，他们就会感到紧张焦虑，这就是因为他们的需要具有强迫性的特点。

"不参与"是他们一切需要和品质的主要服务目标，对自立自强的需要便是其中最突出的特征之一，而足智多谋是这种需要的一个明显表现。攻击型也可能有足智多谋的表现，但两者的精神风度存在差异：攻击型认为，要想在充满敌意的世界中努力拼搏、击败对手，就要具备足智多谋这个先决条件；而孤立型则认为，足智多谋是一种鲁滨孙式的精神，是为了生存而不得不具备的素质，也是他对孤立进行补偿的唯一途径。

他还会在有意无意中对自己的需求加以限制，这也是他维持自给自足的手段，但这种手段更不可靠。要想准确地理解这种手段的动机，我们就有必要记住患者所隐藏的原则，即断绝与任何人或事物的密切联系，这样就能防止自己依赖对方，从而保证自己的孤立状态不受侵害，当然，最好还是少插手别人的事情。比如，一个自我孤立者或许依然能够感受到真正的快乐，但如果这种快乐必须借助他人才能感受到，那么他宁愿不要快乐；有兴致时，他可以偶尔和几个友人相聚，一起度过美好的夜晚，但总体而言，他并不喜欢社交活动；对于竞争、名望和成功，他采取回避的态度；在饮食和生活习惯上，他也按照一定的标准约束自己，以便付出的时间和精力能够担负得起这些开销；他厌恶疾病，因为生病就意味着要依赖别人，在他看来，这是一种耻辱；在学习和求知上，他亲力亲为，只相信自己看到的和听到的事实，而从不相信别人说的和写的。当然，这种态度能够帮助他形成宝贵的独立人格，但前提是不要发展到荒唐的地步（比如，即便在陌生的地方也不肯向人问路等）。

保护个人隐私是孤立型的另一个特殊需要。他就像是旅店里的某些房客一样，总要在门前挂上"请勿打扰"的牌子，他甚至把书籍都当作外来入侵者；一旦被人问到私生活，他便会深感不安；他希望自己能够一直保持神秘感。有位患者曾对我说，他直到45岁时，还在怨恨上帝的无所不知，因为小时候他曾听母亲讲，上帝能够透过百叶窗看到他在咬手指。而他就连最微不足道的生活细节都不愿被人知晓。

自我孤立者一旦感到自己没有受到别人的特殊对待，就会非常恼火，觉得自己被无视了。通常情况下，无论是工作、睡觉还是吃饭，他都宁愿独自一人。和顺从型不同，他不愿被人打扰，不愿与任何人分享自己的经验，即使是听音乐、散步、聊天这样的小事也不愿和别人一起做，或许这些事情也能令他真正地感到快乐，但这种感受不会出现在事情发生时，而往往会出现在事后的回味中。

绝对的独立是他最崇高的需要，而自立自强与保守隐私都是为了满足这个需要。在他看来，自己的独立具有积极的意义。应当承认，这种独立确实有其价值，因为即便他感到无助，他也不会被别人牵着鼻子走；他对外界不盲从，也不参与竞争，这样的形象自然是正面的。但问题在于，他把独立当成了目的，却忽略了独立的价值在于它能否对他有所帮助。独立对他来说只是自我孤立的一部分，而这种做法是消极的，因为其目的在于不受任何影响、强迫和约束，同时也不承担任何义务。

孤立型对独立的需要具有强迫性和盲目性，这一点与其他神经症倾向相同。其具体表现为：患者对任何与强迫、影响、义务等相关的东西都极度敏感，而敏感的程度则决定了自我孤立的程度。每个患者所感受到的压力是不同的，有些患者感受到的是身体上的压力，比如，衣领、领带、腰带和鞋子带来的束缚感；视线内的任何物障，都会给患者造成一种压迫感，比如，隧道和矿井会使人感到焦虑不安，对于患者的幽闭恐惧症来说，这种敏感尚不足以做出全面的解释，但至少可以作为诱发因素；患者会尽量避免承担长期的义务，比如，在签订合同或租约时，一旦期限超过一年，他就会感到为难；而婚姻大事对他而言更是冒险的举动，因为婚姻就意味着他不得不与伴侣亲密相处，所以，在结婚之前，患者往往会感到恐慌；当然，这种风险也有可能降低，前提是患者有受到保护的需求，或者相信伴侣会完全满足自己的特殊要求。时光不间断地流逝也会让患者感到有压力，于是他可能会在每天上班时迟到五分钟，以此来换取某种自由的幻觉；列车时刻表之类的东西也会令他感觉受到了威胁。自我孤立者喜欢设想这样的情景：一个人从来不看时刻表，他想何时去车站都随自己的心愿，哪怕会错过时间，也要我行我素。他拒绝按照别人的期望行事，无论别人真的有这样的期望，抑或只是他自认为别人对他有所期望。比如，平时他喜欢给别人赠送礼物，然而一到生日或圣诞节等令人有所期待的日子，他便会忘记赠送礼物。他对约定俗成的行为准则和传统价值观采取排斥的态度。他可能会在表面上保持一种遵从的姿态，但这仅仅是为了避免发生摩擦，实际上，他的抵触情绪非常强烈。最后，别人提出的建议也被他视为对他的一种控制，因此，哪怕这个建议符合他的想法，他也拒不接受。在这种情况下的抗拒或许也与他在有意或无意间对于挫败他人的渴望有关。

虽然所有神经症类型都有对优越感的需求，但在自我孤立者中却表现得最为突出，因为它与远离人群相关，最明显的证据就是我们经常说的"象牙塔""特立独行"等词语。人们甚至会觉得，远离人群与优越有着必然联系。

一般人可能忍受不了独处,但拥有强大内心或自认为非常重要的人除外。临床经验对此已有印证。当孤立型的优越感暂时破灭后(不管是因为在现实中遭遇挫折,还是因为内心冲突的增加),他就无法继续忍受孤独,而是要奋力求援,希望得到温情和保护。在他的人生经历中,这样的心理波动会时常出现,在他十几岁或二十几岁时,或许拥有过不温不火的友情,但生活基本上处于孤独但比较自由的状态。他对未来充满梦想,幻想着自己会有所作为,但这些梦想后来都在现实中遭遇重创。在上高中时,他的成绩可能曾一路领先,但进入大学后,竞争激烈,于是他便退缩了。他的初恋也以失败告终。随着年龄的增长,他渐渐意识到自己的梦想与现实相差太远,于是无法再忍受远离人群。在强迫性驱动力的作用下,他开始向往亲密关系、向往爱情、向往婚姻生活。只要能够得到爱,即使必须忍受屈辱,他也心甘情愿。这样的患者在求助于分析治疗时,会表现出明显的自我孤立倾向,但他不愿直面这一点,而只是希望医生能够帮助他寻得某种形式的爱。只有当他重新有了强大的感觉时,他的内心才会得到慰藉,他会发现自己其实更愿意独来独往,并且喜欢这样的生活方式。在别人看来,他似乎是自我孤立的老毛病又犯了,但事实上，他只不过是第一次有了十足的底气告诉外界——甚至告诉自己——他想要的就是孤独。而此时也恰恰是医生针对自我孤立的症状进行治疗的好时机。

自我孤立者对优越地位的需求具有某些特殊性质。他不想用拼搏奋斗的方式来赶超他人，因为他不喜欢竞争，相反，他觉得自己有着高贵的内在品质，无须努力就应该获得认可；他觉得人们应该感受到他的潜在优点，而无须他刻意表现出来。比如，他可能会梦见在偏远的地方有一座藏有大量宝物的小村庄，行家会不辞辛苦去探访。正如所有的优越观念一样，这其中也存在着真实因素：他用"高墙"保护着那些隐蔽的宝物，而它们就象征着他的理智和情感生活。

他还有另一种表达优越感的方式，即认为自己是"独一无二"的，这直接源于他的自我孤立。他可能将自己比作一棵大树，生长在高山之巅，而森林中的树木却由于相互阻碍而无法长得像他一样高大。对于伙伴，顺从型会担心"他喜欢我吗"，攻击型会猜想"这个对手有多大的力量"或者"他能给我带来什么好处"，而孤立型则主要关注"他是否会干扰我？他到底是想让我自己待着还是要影响我"。易卜生在戏剧作品《培尔·金特》中讲述了主人公培尔·金特与纽扣铸造机的故事，以象征的手法展现了自我孤立者在人群中的恐惧感。在主人公看来，"地狱"中属于自己的那个房间无论怎样都是最好的，但如果被丢进熔炉里，被铸造成型，或是变成其他形状，都会令他感到无比恐慌。在他看来，自己就像一块稀有的东方地毯，有着独特的设计和花纹，而且永远不会改变。他因为没有被环境改变而感到自豪，并且决定继续保持下去。他秉持"不改变"的理念，把所有神经症的僵化特质都视为不可侵犯的神圣原则，他还要继续编织自己的花纹，使其更加纯洁、更加清晰，并且坚决抵制一切外物的入侵。对此，培尔·金特说过一句简单而又荒唐的话："只要做自己就足够了。"

与其他类型相比，自我孤立者的情感生活并没有固定模式，在患者之间会出现较大的差异，原因在于，其他两种类型的目标有着一部分积极意义：顺从型追求温情、亲近和爱，攻击型追求生存、支配和成功。然而，孤立型的目标却是消极的，他要置身事外，不希望被别人打扰。因为他的情感要想生存并发展成为某种特殊的欲望，就必须依赖这种否定性框架，而只有在这种条件下，才能促成自我孤立症所共有的少量的内在倾向的形成。

从总体上讲，孤立型的情感处于压抑状态，甚至对情感采取否定态度。在这里，我借用一个小说片段加以说明，小说的作者是诗人安娜·玛利亚·阿尔米，这部小说未曾发表过，但这段文字简明扼要地体现了这一倾向，以及孤立型的其他典型态度。在回顾自己的青年时代时，主人公这样讲："那时，我非常清楚我和父亲之间的血缘关系，也能感受到我和自己所景仰的英雄们之间的精神联系，但我并不觉得这其中有什么情感因素。从根本上讲，情感是不存在的，人们谈论感情其实只是自欺欺人，当然，人们总是在各种事情上自欺欺人。B女士听后很诧异，她问我：'那你对自我牺牲怎么看？'有那么一会儿，我突然感到这句话非常正确，这令我很惊讶，但很快我便得出了这样的结论：自我牺牲也是自欺欺人，即便不是自欺欺人，也只是生理或精神行为而已。当时，我就梦想过独身的生活，一辈子不结婚，让自己变得强大、平和。我要独自拼搏，争取更多的自由，活得更清醒，不再迷茫。在我看来，道德是毫无意义的，只要生活是真实的，那么善良和邪恶就没有区别，而祈求同情或帮助才是罪恶的。我认为，灵魂就像一座神庙，需要严加守卫，祭祀和卫士总在里面进行各种奇特的仪式，只有他们才了解这些仪式。"

对情感的排斥主要表现在对待他人的情感上，无论爱或恨，这反映了在情感上与他人保持距离的结果，因为有意识地感受到的强烈的爱恨感情，会导致与他人更加亲密或发生冲突，或许这就是沙利文所说的"距离机制"。当然，这并不意味着在人际关系之外，被压抑的情感会在诸如阅读、动物、自然、艺术、饮食等其他领域变得活跃起来，虽然这种情况也是有可能发生的。一个情感丰富的人很难只压抑一部分情感，况且这部分情感还是最重要的情感，除非让他把所有情感都压抑下去。尽管这只是一种推测，但下面要说的却是事实。孤立型的艺术家在进行创作时，不仅会有深刻的感受，而且能够通过作品将这种感受充分表达出来，但他们在青少年时代，却往往感情麻木，甚至有排斥感情的倾向，他们的想法就像前面引用的小说片段中所说的那样。当这些艺术家尝试着与人建立密切的联系，但结果却失败时，他们就会有意或无意地远离众人，过独处的生活，而只有在这个时候，他们才会进入创作的状态。只有与人保持一段安全距离，他们才能充分表达自己的情感，而这些情感与人际关系没有直接的联系。由此可见，早期对情感的排斥，直接导致了未来自我孤立的结果。

此前我们探讨自给自足时，已经提到了导致人际关系以外的感情压抑的另一个原因，即他之所以压抑自己，是因为任何有可能使其产生依赖的欲望、兴趣或享受，在他看来都是对自己的背叛。这类患者认为，在表达感情之前，要先对当下的局势进行分析，以免自由受到损失。此外，一旦独立性受到威胁，他便会更加封闭自己。如果发现局势并没有威胁到他的自由，那么他便会放松下来。梭罗在《瓦尔登湖》中描述了这些情况下可能出现的强烈的情感体验。患者担心自己会耽于享乐，担心自由会因此受限，所以有时他甚至会变成一个禁欲主义者。但这种禁欲主义非常特殊，其目的并不在于否定自己或者虐待自己，或许称其为自我限制会更恰当一些。如果认可了它的理论前提，那么我们就会发现，它还是比较明智的。

自发的感情体验对保持心理平衡非常重要。比如，创造性可能是一种拯救的手段，当它被压制时就无法表现出来，经过分析治疗或其他方式，我们可以将它释放出来，对患者来说这是一件大好事，甚至会出现奇迹，使患者康复。但对于这种方法的疗效要进行慎重的评估。首先，不能将其疗效普遍化，因为它可以拯救孤立型患者，但对其他类型的患者却不一定适用；况且，它并没有彻底改变神经症的基础，因此患者本人也不能算是严格意义上的"康复"。它只是为患者提供了一种失调程度更低、更令他满意的生活方式。

感情被压抑得越深，患者就会越发强调理智的重要性，他把解决问题的希望都寄托在理性思维上，好像只要清楚自己有什么问题，就能解决它们一样，或者单凭推理就能将世界上的一切难题都解决掉。

探讨了自我孤立者在人际关系方面的情况后，可以明确的是，任何密切和长久的关系，都会对他的独处造成威胁，这样会导致严重的后果，当然，假如他的同伴也同样喜欢独处，自愿接受他对保持距离的需要，或者出于某些理由能够且愿意满足他的需要，那么就另当别论。索尔维格便是这样的理想伴侣，她有着一颗忠贞的爱心，甘愿等待培尔·金特归来。她知道，任何期望都会让他感到恐惧，并且无法控制自己的感情，因此，她对他不抱任何期望。培尔·金特总是意识不到自己亏待了索尔维格，反而觉得自己已经付出了很多——把珍贵的、未曾表达和体验过的感情都给予了她。在培尔·金特看来，只要可以维持充分的情感距离，他也能够保证长久忠诚；他或许可以与人建立短暂的亲密关系，但这种关系是脆弱的，任何微弱的阻力都会让他退缩。他认为，两性关系是一种非常重要的人际关系，只要它不持续太久的时间，对他的正常生活不构成干扰，他便愿意接受这样的关系。而且，这种关系必须受到严格的约束，必须划定范围，不能越界。此外，对于这样的关系，他可能会表现出极其冷漠的态度，不允许任何异性闯入自己的地盘。这时，他就会用幻想出来的关系取代真实的关系。

在分析过程中，我们所描述的这些特征都会显现出来。自我孤立者生来就对分析持抵触态度，在他看来，分析会对他的私生活造成巨大的侵害。但他或许也有兴致自我审视一下，甚至会对此产生浓厚的兴趣。经过分析师的指导，他的眼界开阔了，从中发现了自己复杂的内心世界，于是他便有了更多的向往。他或许会好奇于自己梦境的生动性，或许会欣赏自己无限联想的能力。当他为自己的想象找到佐证时，他会像科学家为研究找到了证据一样快活。对于分析师的关注和帮助，他充满感激之情，但他很反感分析师督促或"强迫"他向着未知迈进。他害怕分析师给出的建议会让他陷入危险，但与其他两种类型相比，他所面临的危险要小很多，因为他早已身披铠甲，做好了防范外来影响的准备。对于分析师的建议，他并非用理性的方式加以验证，而是委婉地提出反对意见，盲目地抗拒一切与他对自己、对生活的看法相违背的建议。特别是当分析师建议他改变自己时，无论建议的方式如何，他都会相当抵触。他也希望摆脱困扰，但前提是不改变自己的性格。他对自我审视很感兴趣，但同时又下意识地拒绝改变。他对外界影响的抵触只不过是对他态度的一种解释，而且这种解释并不透彻，我们以后再探讨其他的解释。他很自然地与分析师拉开很远的距离。在相当长的一段时间里，对他来说，分析师仅仅是一个来自外界的声音，在他的梦境中，可能会出现这样的场景，暗示着他和分析师的关系：在相距遥远的两个国家，两位记者正在互相打着长途电话。表面上看，这似乎象征着他与分析师及其工作之间的距离非常遥远，但实际上，这只不过是他的态度清晰地重现于意识中。梦境不仅是对自身感受的描述，也意味着要寻找解决冲突的方法，因此，这种梦境有其深层意义，它意味着患者希望远离分析师，停止分析治疗，换句话说，就是拒绝成为分析对象。

最后还有一个特征，我们在分析中和分析外都能观察到，当自我孤立者遭到攻击时，他会拼命地保护自己的自由。这一现象在所有神经症类型中都会发生，但孤立型的表现尤为突出，他会竭尽全力去抗争，几乎可以付出自己的生命。其实，患者在遭到攻击前，这种抗争就已经以破坏性的方式在酝酿了，比如，他会拒绝分析师接近自己，此外还有很多表现。如果分析师试图让患者相信医患之间存在某种关系，或者患者的心中正遭遇某种冲突，这时，患者的抗争会表现得更巧妙和委婉，最多也只是向分析师表达一些合情合理的看法。如果患者下意识地出现了抵触情绪，他也会予以控制，不会任其发展。总之，对于人际关系的分析，患者总是持有抗拒的态度。一般来说，患者与他人的关系总是很暧昧、很模糊，这使得分析师很难准确把握整体情况。我们可以理解患者的这种抗拒态度，他与外界始终保持着一段安全距离，因此，涉及外界的话题只会令他焦虑不安，如果不断地进行追问，他就会对分析师的动机产生怀疑，认为分析师是在要求他融入人群。他对此是非常蔑视的。在分析治疗的后期，如果分析师成功地使他明白自我孤立是不可取的，那么他便会出现惊恐和易怒的反应，甚至可能会考虑放弃治疗。在分析之外，患者也会表现出强烈的抵触情绪。他们的孤傲和自由一旦遭到威胁，就会一改原本沉静理性的气质，变得勃然大怒，甚至对分析师出言不逊。每当想到要参加社交活动或加入某个社团组织，不只是缴纳会费，而是要真正参与进去，他就会十分恐惧。一旦被裹挟进去，他就会竭尽全力试图解脱。他们甚至比面临生命危险的人更有办法摆脱困境。有位患者说过，如果在爱情和独立之间进行选择，他会不加思考地选择独立。由此可见孤立型的另一个特征，即为了独立会竭其所能，甚至会牺牲一切。他会放弃一切外在利益和内在价值，换句话说，对于一切妨碍其独立的欲望，他都勇于摒弃，而且，他是下意识地、自动地压制了这些欲望。

一切需要如此竭力维护的东西，都必有其强大的主观价值。了解了这一点，我们对孤立的功用才能有所理解，才能为患者提供治疗。就像我们看到的，每一种类型在人际关系中的基本态度都有其积极意义："亲近他人"可以营造一种与外界友好的氛围，"对抗他人"可以帮助他生存于充满竞争的世界中，而"回避他人"则是为了获得某种尊严和安宁。事实上，从人的发展来看，这三种态度都是必要而可取的。只有当它们在神经症中出现时，才会表现出强迫、僵化、盲目和矛盾的特点。这给它们原有的价值带来了巨大的损害，但这些价值并没有完全消失。

自我孤立的好处值得肯定。在一切东方哲学中，孤独被人们所推崇——要想达到最高的精神境界，就要从忍受孤独开始。当然，这种意愿并不等同于神经症的自我孤立。前者是人们自愿的选择，并将孤独视为自我完善的最好途径，而且，如果有了其他更好的选择，人们可以自然地放弃"孤独"；而后者却不是自愿的选择，而是一种内心的强迫，患者只有这一种生活方式，但对患者来说，这种生活方式依然有其好处，当然，好处的多少是由神经症的严重程度决定的。虽然神经症的破坏性很强，但孤立型依然能够保持某种诚实的品性，在一个人际关系普遍良好、人人讲求诚信的社会环境中，这或许不算什么；但在一个被虚伪、妒忌、残酷和贪婪所充斥的社会环境中，一个讲求诚信的弱者便很容易受到伤害，所以，他会选择与人保持一定的距离，使自己获得一些安全感，以便维护自己的尊严。另外，神经症会破坏人内心的平静，而自我孤立则会营造一种安宁的心境——牺牲越大，就越能获得更多的安宁。再有，如果患者在他筑起的"高墙"内依然保留着一部分情感生活，那么，自我孤立还会为他赢得某些富有创造性的思想和感受。最后，对于一个具有创造力的患者来说，这些因素加上他对世界的看法以及相对较轻的神经错乱，都会帮助他更好地发挥他的创造力。当然，神经症的自我孤立并不是创造力的必要条件，只不过患者可以借此将潜在的创造力发挥出来。

虽然自我孤立好处很多，但患者竭力维护独立的主要原因还不在这里。事实上，即便由于某些原因，这些好处很少被与之相伴的烦恼所掩盖，但这依然不是患者竭力维护它的主要原因。我们由此可以进行深入的探讨：如果强行要求自我孤立者与他人亲密接触，那么他的精神很可能会被击垮，通俗地讲就是"神经崩溃"。使用"崩溃"这个术语，是因为它涵盖了多种精神失调的现象，比如，功能障碍、酗酒、自杀、抑郁、丧失工作能力、精神错乱等。"神经崩溃"前发生的某件事很容易被认为是"崩溃"的诱因，不仅患者本人会这么想，就连分析师都可能会有这种想法。比如，无端被歧视、丈夫出轨且撒谎、妻子的歇斯底里、一段同性恋史、上大学时不受欢迎、从衣食无忧到穷困潦倒……这些都可能被视为诱因。当然，发病或许与此有关，所以分析师需要认真关注它们，尽量弄清是什么具体事件诱发了患者的什么毛病。但这还不够，因为有些问题仍有待解答：患者为什么会受到如此严重的影响？这件事看似只是普普通通的挫折和失败，那么它为什么足以打破患者的心理平衡？也就是说，尽管分析师已经知道了患者对某个具体事件做出了反应，但这还不够，他还要弄清楚这么微不足道的原因为什么会导致如此严重的后果。

针对这个问题，我们可以提出以下事实：孤立倾向与其他神经症倾向有一个共同之处，即患者要通过它来获得安全感，而如果无法由此获得安全感，患者便会陷入焦虑。只要能够与人保持一定的距离，患者就会有安全感。相反，无论出于什么原因，只要有人踏入他的"高墙"，他就会失去安全感。这样一来，我们便会理解，当无法维持与他人之间的情感距离时，孤立型患者为什么会感到焦虑了。需要补充的是：他如此焦虑的原因在于缺乏应对生活的方法，他所能做的只有回避人群，独善其身。这也再次说明，正是孤立的否定性质使这一倾向有别于其他神经症倾向。说得更具体些，孤立型在困境面前既不退让也不抗争，既不合作也不对峙，既不感情用事也不冷漠无情。他犹如一头困兽，唯一的解脱办法便是夺路而逃。患者的联想或梦境中或许出现过此类情景：他像俾格米人一样，能够在森林中称霸，但离开了森林便会不堪一击。他还像一座中世纪的要塞，周围只有一堵墙，这堵墙一旦被攻破,要塞就会沦陷敌人手中。由此我们可以看出他对生活充满焦虑的原因,这使我们明白了一个道理:自我孤立是他保全自己的手段,他必须誓死维护这一手段。从本质上讲,所有类型的神经症倾向都是保全自己的手段,但除了孤立倾向以外,其他倾向都是以积极的方式努力应对生活。但以自我孤立为主导的倾向则会使患者无力应对生活,因此,自我孤立最终只剩下防御作用。

对于患者竭力维护独立,我们还可以有更深层的解释。对自我孤立的威胁,以及对"围墙"被攻破的忧虑,往往不只是一时的恐慌,还有可能导致人格分裂,表现为精神错乱。在分析过程中,自我孤立的状态一旦被打破,患者就会感到忧虑,而且会直接或间接地表现出恐慌。比如,患者会对人群有恐惧感,因为在人群中,他的个性会丧失。还有一种恐惧,即置身于具有攻击性的人的控制和强迫之下,因为他完全无力反抗。再有就是恐惧精神失常,而他极有可能精神失常,他需要保证这种情况绝对不会发生。这种失常算不上发疯,也不是因为逃避责任而做出的反应,而是对人格分裂的恐惧,这种恐惧经常出现在梦境和联想中。这意味着,如果放弃自我孤立,那么就要面对自己的冲突;这个打击是他无力承受的,他会像树木被闪电击中一般丧失活力——我的一位患者就曾有过这样的想象。这个假设已为其他观察所证实。具有极度孤立倾向的患者非常反感"内在冲突"的说法。他们会对分析师说，他们完全不懂分析师所说的冲突是什么。如果在分析师的帮助下，他们知道了内心的冲突是什么，他们就会在无意中巧妙地回避这个话题。如果他们在没有做好思想准备的情况下，突然意识到了某种冲突的存在，那么他们就会无比恐慌。然而，当他们在安全感有所保障的前提下逐渐意识到冲突时，他们的自我孤立倾向却会变得更加严重。

如此一来，我们便得出一个结论：自我孤立是基本冲突的内在组成部分，也是患者用以应对冲突和自我保护的手段。这个结论看似有些令人困惑，但只要经过具体的研究，答案便会揭晓：在应对基本冲突时，自我孤立是一种更为积极的自我保护方式。这里，我们要再次强调一下，当基本态度之一占据主导地位时，其他态度的存在和作用并不会因此受到影响。我们可以在孤立型人格中清晰地看到各种矛盾倾向，甚至比其他类型更加清晰。首先，在患者的成长过程中，这几种矛盾都是很常见的。在明确地表现出孤立倾向之前，这一类型的患者往往曾有过顺从、依赖以及攻击、对抗的阶段。孤立型具有矛盾的价值观，这一点与其他两种类型截然不同。他会高度赞扬被他视为自由、独立的东西。在分析的某个阶段，他也会极力肯定善意、怜悯、慷慨和自我牺牲等品质，但在另一个阶段，他又会推崇丛林法则和利己主义。对于这些矛盾，他可能感到困惑，但却总是否认其中的冲突，并且将其合理化。假如分析师没有全局观，无法看清其整体结构，那么便很容易感到迷惑不解，他可能会朝着某个方向做出尝试，但很快就会碰壁，因为患者总是躲进"自我孤立"中，就像关闭了船上的防水隔舱一样，把分析师阻挡在外面。

在自我孤立者的特殊的"抗拒"中，掩藏着一个完美而简单的逻辑，即患者不希望与分析师有所联系，或者不愿以一个人的身份来认识自己。他不想面对自己的冲突，也不想接受人际关系方面的分析。在他看来，只要与别人保持一段安全距离，就无须为人际关系费心，即使人际关系出现失调，他也不会感到担忧。只要理解了这一点，我们就会清楚地发现，他根本没有兴趣分析自己的冲突。他坚信自己可以完全不理会分析师指出的冲突，否则便是自讨苦吃，也没有必要去改变什么，因为无论如何，他都要保持自我孤立。就像我们此前说的那样，从逻辑上来看，这种无意识的推理至少在某种程度上是没错的。他只不过是忽视并且拒绝承认自己根本无法在真空中获得成长和发展。

由此可见,神经症自我孤立的最重要的功能,便是阻止主要冲突发挥作用,这是患者应对冲突最极端却最有效的防御手段。神经症的手段总是能够人为地制造和谐,而自我孤立便是这些手段之一。它试图以回避来解决冲突,但问题并没有真正得到解决,因为患者依然在亲密、支配、利己等方面具有强迫性需要。这些强迫性需要即便不影响他们的思维,也会对他们造成困扰。最后,只要相互矛盾的价值观依然存在,患者就绝不可能获得内心的平静和自由。

第六章
理想化意象

我们已经探讨了神经症患者对他人的基本态度，知道了他们为解决冲突所使用的两种方法，确切地说，这两种方法都是用来应对冲突的，其中一种方法是对人格中的某一方面进行压制，从而突出其对立面；另一种方法是让自己与别人保持一定的距离，以避免冲突发挥作用。对患者来说，这两种方法都能够给他们带来一种统一感，他们因此得以充分发挥自己的各种功能，哪怕这要付出巨大的牺牲。

患者总是试图创造一种自认为"就是"的意象，或者在当时自认为"能够是"或"应该是"的意象。无论他是有意识这样做，还是无意识这样做，这一意象往往都会与现实情况大相径庭，即便它确实能够影响患者的生活。特别要强调的是，这种意象总能合患者的心意，《纽约客》上曾刊登的一幅漫画就描绘了这样的情景：一位身材臃肿的中年女性在对镜观看时，镜子里出现的俨然是一位身材苗条的少女。这种意象特点丰富，具体来说，是由患者的人格结构决定的。有些人的意象凸显了美貌，有些则凸显了权力、智慧、天赋、善意和诚信，总之，患者所希望拥有的任何品质都可以在意象中呈现出来。但意象毕竟不是现实，可患者却总是从中获得优越感。虽然"优越感"这个词往往被认为包含了"目中无人"的意思，但其真实含义却是把自己不具备或潜在地具备但并未表现出来的品质当作自己已经具备的品质。这种意象越脱离现实，患者便越敏感脆弱，越需要得到别人的认可。显然，如果我们真的拥有某些品质，那么根本无须通过别人来验证；而如果我们只是希望自己拥有某些品质，但实际上并不拥有，那么我们就会敏感于别人对此的质疑。

从精神错乱患者妄自尊大的自夸中，我们可以观察到这种理想化的意象，在这一点上，神经症患者与精神错乱患者的表现基本一致。只不过，神经症患者的意象中少了一些幻想的成分，但他们同样认为这些意象都是真实的。如果以理想化意象与实际情况相差的程度来划分精神错乱与神经症之间的界线,那么我们就可以认为这种理想化意象就是少许精神错乱成分与神经症相结合的产物。

从本质上看,理想化意象属于一种无意识现象。其实,不用经过专门的训练,人们就能发现神经症患者的过度夸张,但患者自己却意识不到这一点,也意识不到在这种理想化意象中包含了多少奇怪的性格。他可能会模糊地感觉到自我要求过高,然而,他错误地把追求完美当作真实的理想,他为此而骄傲,却丝毫不怀疑它是否正确。

理想化意象对患者的态度所造成的影响因人而异,而影响的程度是由患者的兴趣焦点决定的。如果患者感兴趣的是让自己坚信理想化的形象就是他本人的形象,那么他就会越发确定自己真的富有才华、完美无缺,就连他的缺点都是至高无上的。如果患者看清了真实的自己是什么样子的,然后与理想化形象做对比,那么真实的形象便会显得卑劣低下,此时,患者便会贬低自己,而这种通过自我贬损塑造出来的卑劣形象与理想化形象一样不真实,因此,我们可以称之为蔑视形象。最后,患者一旦发现了理想化形象与自己的真实形象之间的差距,便会孜孜不倦地弥补差距,竭尽全力地追求完美。他的口头禅是"应该",他会不停地对我们说:他本应该怎样,本应该有什么想法、什么感受，本应该做些什么。他自恋般地坚信自己天生就是完美的，并且相信只要更加严格要求自己，更自律、更谨慎、更周全，他就一定会成为完美无缺的人。

理想化意象具有静止的特征，这一点与真正的理想不同，后者可以通过努力来实现，而前者只是一个受到膜拜的僵化观念。理想具有能动性，它能激发人们的动力，激励人们成长和发展。而理想化意象却会妨碍人的成长，因为它只会令人拒绝承认自己的缺点，或者过度谴责自己的缺点。真正的理想使人谦逊，而理想化意象只会让人傲慢。

对理想化意象无论如何界定，人们对它早就有所认识，各个时代的哲学著作都有涉及。弗洛伊德把它引进神经症的理论，以各种名称为其命名，比如自我理想、自恋、超我等等。阿德勒心理学的核心理论也是由此构成，他称之为"追求优越"。我不打算详述这些理论与我的观点之间的异同，因为那会偏离我们的主题。简单来说，他们的理论关注的都是理想化意象的某个方面，缺乏全面的观察。所以，尽管弗洛伊德、阿德勒，以及弗朗茨·亚历山大、保罗·费登、伯纳德·格鲁克、欧内斯特·琼斯等众多科学家都曾对此进行过翔实的探讨，但他们都没有认识到这种现象的重要意义和作用。那么，它的作用到底是什么呢？显然，它可以满足人们的基本需要。关于这一现象，无论科学家们怎样做出理论上的解释，他们都承认它构成了神经症的坚固堡垒。比如，弗洛伊德认为，治疗中最大的障碍之一便是患者根深蒂固的"自恋"态度。

取代以现实为基础的自信和自豪是理想化意象最基本的作用。一个无法从神经症中挣脱出来的人几乎没有机会建立自信，因为他的早期经历具有严重的破坏性。即使他还存有一点自信，也会随着神经症的发展而逐渐削弱，因为自信所需的必要条件一再受损，而且在短期内，这些条件根本无法迅速修复。其中最重要的是富有生机和效用的情感力量，是能够追求自己认定的真正目标，是在生活中发挥自己的主动性和积极性。然而这些条件很容易随着神经症的发展而受损。患者的决策能力会被神经症倾向削弱，因为患者并非主动做出决定，而是被动接受某个决定。由于过度依赖他人，患者的自我决策能力被不断削弱，他的依赖形式多种多样，盲目地对抗、盲目地想要超越他人、盲目地自我孤立等都是依赖的表现。此外，患者对情感的压制导致这些情感不能发挥作用。以上所有因素使得他的目标难以实现。最重要的是，基本冲突导致了他自身的分裂。患者失去了根基,只能对自己的重要性和能力加以无限的夸大。恰恰由于这个原因,患者对自己的完美信念才会成为理想化意象不可或缺的组成部分。

理想化意象的第二个作用与第一个作用密切相关。如果置身于真空中,神经症患者并不会觉得自己很弱小,但身处充满敌意的世界里,他就会产生深深的无力感,担心被人欺骗,担心被人羞辱和奴役,担心被人击败,所以,他必须不断地拿自己和别人做对比,这并非出于幻想或虚荣心,而是他不得不如此。他在内心深处觉得自己是渺小的、卑微的——我们将在后面的内容中对此进行探讨——他需要为自己找到价值感,以免陷于痛苦之中。他必须获得某方面的优越感,更加高贵也好,更加残酷也好,更加善良也好,更加刻薄也好,但这些优越感并不等同于凌驾于他人之上的倾向。任何一种结构的神经症都包含了脆弱性,患者总有被轻视感或屈辱感。他需要通过报复性的胜利来消除这种脆弱感,因此,这一需要往往包含了试图超越他人的成分,它可能仅仅存在于并作用于患者的思维中,它可能是有意识的,也可能是无意识的,但它却是驱使患者追求优越感的主要动力之一,使得患者的这种追求别有一番色彩。在现代社会中,竞争性对人际关系形成干扰，成为神经症滋长的助力，并且促使人们不断追求优越感。

对于理想化意象取代真正的自信和自豪的情况，我们已经有所了解，但它还有另一种取代作用。由于神经症患者的理想总是彼此矛盾，而且模糊不清，因此它们无法约束患者，也无法给患者以指导。所以，为了防止生活失去目标，患者必须依赖理想化意象为生活赋予的意义。当理想化意象逐渐破灭时，他会产生巨大的失落感。在分析治疗的过程中，这一点表现得最为突出。此时，患者才会意识到自己的理想并不可靠，从而感到非常困惑。而在此之前，虽然他口头上表示很重视这个问题，但其实他既不理解也不关心它；而现在，他第一次意识到理想的现实意义，于是，他要搞清楚什么才是自己的理想。所以，我认为，这种体验是理想化意象取代真正理想的证明。理解理想化意象的这个作用，对于分析治疗有着积极的意义。或许在治疗的初期，分析师可以指出患者价值观中的矛盾，但不能指望患者会积极配合，只有当患者将理想化意象彻底放弃时，分析师才能着手解决这些矛盾的价值观。

理想化意象有着各种不同的作用，但其僵化的特点主要源于其中一种特定的作用。假如我们总是认为自己是完美无缺的，那么我们最突出的缺点和错误都会被遮掩起来，甚至被粉饰为优点，就像在精美的画作中，破旧的墙壁也会因色彩的巧妙搭配而变得富有韵味。

防御是理想化意象的第四个作用，我们需要经由一个问题来深入理解这个作用：在一个人的心目中，什么才是他的缺点和错误呢？这个问题看似没有明确的答案，每个人都有可能给出不同的回答，但事实上，它的确有一个具体答案：一个人接受什么或拒绝什么，决定了他把什么视为自己的缺点和错误。但在相似的文化背景下，其决定因素却是在基本冲突中占优势的那个方面。比如，恐惧和无助的情绪不会被顺从型视为自己的缺点，但会遭到对抗型的唾弃，后者会竭力掩饰这些情绪，以免自己和别人有所察觉；一旦表现出带有敌意的攻击性，顺从型便会产生罪恶感，而一旦有温情涌上心头，对抗型便会鄙视自己的懦弱。此外，无论哪种类型都拒不承认他们所能接受的那部分自我其实只是假象。比如，顺从型会否认自己的友善和包容并不是真情流露；孤立型会否认自己选择远离他人且保持冷漠并非出于自愿，而只是因为他无力应对人际关系，等等。通常情况下，这两种类型都否认自己有施虐倾向（后面将会讨论这一点）。所以，我们就能得出这样的结论：一切与患者对待他人的态度不相符的东西，都会被患者当作缺点并加以排斥。可以说，理想化意象的防御作用就是否定冲突的存在，也是由于这个原因，理想化意象才会始终保持静止。在了解到这一点之前，我时常会感到疑惑：为什么患者如此难以相信自己其实没那么重要、没那么完美？但现在，答案已经浮出水面：一旦承认缺点，就必定要面对冲突，这会破坏患者构建起来的和谐假象，因此他才会拒不退让。我们由此可以得出这样的结论：理想化意象的僵化程度与冲突的强度是正相关的，换句话说，理想化意象越复杂、越僵化，患者的内心冲突也就越严重。

前面我们介绍了理想化意象的四个作用，此外，它还有第五个作用，也关系到基本冲突。除了掩饰令人难以接受的冲突之外，它还有一个积极的作用。它通过某种艺术加工，使各个对立的价值观显示出和谐统一的假象，至少让患者本人觉得它们之间并不冲突。接下来，我们通过几个案例说明其中的原因。为了简明扼要，我只说明存在的冲突以及它是怎样在理想化意象中出现的。

在应对内心冲突时，患者X占主导地位的倾向是顺从他人，他对友情和赞赏充满期待，他渴望得到别人的关照，希望自己成为富有同情心、慷慨、体贴、友善的人；排在第二位的是孤立倾向，他厌烦聚会，喜欢独处，不愿联系别人，不愿受到强迫。他的孤立倾向与对亲近的需求不断发生冲突，以致无法很好地处理与女性的关系。另外，他的攻击性驱动力也很明显，无论何时何地，他都有争强好胜的表现，并且试图对别人进行间接的控制，偶尔还会直接利用别人，并且反感一切干预。这些倾向使他求爱和交友的能力大幅降低，而且与他的孤立倾向形成冲突。由于他意识不到自己的这些驱动力，因此，他虚构出一个结合了三种角色的理想化意象：他完美无缺，在每个女人看来，他是唯一善良且富有爱心的人，没有人会超过他；在他所处的时代，他就是一个伟人，在政坛上，他是令人敬畏的领袖；他是一位智者，在哲学方面造诣颇深，对生活和生命的意义具有深刻的洞察力。

其实，这样的理想化意象并非完全是胡思乱想。应该说，患者在这些方面都富有潜力，但仅仅是潜力而已，却被他夸大为事实，在他看来，他已经取得了这些成就。此外，患者自认为拥有的才能和天赋也掩盖了驱动力的强迫性本质：他以为自己真的具有爱的能力，这掩盖了他对友爱和赞美的神经症需求；他以为自己真的具有超人的天赋，这掩盖了他对取胜的欲望；他以为自己真的独立而富有智慧，这掩盖了他自我孤立的倾向。最后，最重要的是，他的冲突通过以下方式得以"消除"：他将那些相互矛盾且阻止他发挥潜力的各种驱动力夸张至虚假的完美高度，成为他心目中丰富人格的几个相互协调的方面，它们所代表的基本冲突的三个方面被孤立在由他构建的理想化意象的三个角色中。

在另一个案例中，我们可以更加清楚地了解到把冲突因素孤立出来的重要性。（注释：对于双重人格，史蒂文森有过经典的描述。他在"化身博士"中创造的人物就是建立在人格中相冲突的不同方面有可能分离开来的基础之上。当化身博士意识到自己同时存在着善恶两面时，他说："长久以来……我始终有一个美妙的梦想，如果我可以把自己的每一种品质置于不同的身体中，生活中的一切痛苦都会变得无影无踪。"）患者Y占主导地位的倾向是自我孤立，他的这一倾向比较极端，包含了此前我们所描述的所有特征。此外，他也表现出顺从倾向，但他本人却全然不知，因为这违背了他对独立的渴望。他偶尔也想摆脱压抑，让自己变得友善，于是，他试图亲近别人，但这又违背了他对孤立的需求，因此，他只能在想象中变得冷酷残忍：他幻想着进行大规模的杀戮，将所有对他造成干扰的人全部杀掉；他直言宣称自己笃信丛林法则，认为强权就是真理，追求个人私利是天经地义的事情，只有这样的生活方式才是明智的选择。但在现实生活中，他却懦弱胆小，极少展露强硬的一面。

他的理想化意象由以下奇怪的角色组成：大部分时间，他是个隐士，智慧超群，在山林里独居。偶尔，他会变成毫无人性的狼人，冷酷无情。另外，他还是最好的朋友和恋人。

从这个案例，我们看到的同样是对神经症倾向的否定和自我夸大，以及将潜在的可能视为既定的事实。只不过患者没有做出任何尝试来缓解冲突，所以他根本无法摆脱这些矛盾。但这些倾向与真实生活相比反而显得更加单纯。因为它们相互独立，不会彼此干扰，冲突便由此"消失"了，而这恰好满足了患者的需要。

再举一个案例，在这个案例中，理想化意象更具统一性。患者Z在现实生活中表现出明显的攻击性，并且伴有施虐倾向。他粗暴高傲，总想利用别人。他在贪婪的野心的驱使下企图征服一切。他精于谋划，组织能力强，善于争斗，并有意识地奉行丛林法则。他也有自我孤立的倾向，但在攻击性的驱使下，他无法摆脱人际关系，因此不能保持独处状态。但他的警惕性依然很高，不仅严防与任何人发生纠葛，而且拒绝享受与人相处才能得到的乐趣。在这一点上，他做得很成功，因为在很大程度上，他早已压抑了对他人的积极感受，而他所渴望的亲密关系也只与性有关。然而，由于存在着顺从倾向，而且渴望得到认可，因此，这又对他追逐权力造成了干扰。此外，在道德上，他有自己的一套标准，当然，这主要是针对别人的，但无意中他也会将其应用于自身，然而，这套标准却严重违背了他所推崇的丛林法则。

在他的理想化意象中，他是一名骑士，身披闪亮的铠甲，眼光开阔，主持正义。他与任何人都没有私交，秉公执法，刚正不阿，俨然是一位英明的领袖。他讲诚信，不虚伪。所有女人都爱慕他，把他视为最完美的情人，但他不会对任何女人动心。与其他案例中的患者一样，这位患者同样把基本冲突的所有元素都混合在了一起。

可见，理想化意象是解决基本冲突的一种尝试，它至少与我在前面所描述的其他尝试同等重要。它就像黏合剂一样，可以把患者分裂的人格黏合起来，因此，它有着巨大的主观价值。尽管它只在患者的内心中存在，但却决定着他的人际关系。

或许有人会把理想化意象视为一种虚构的、幻想的自我，但这种看法并不完全正确。在创造理想化意象时，患者仅凭主观意愿，这一点非常令人震惊，特别是患者在其他方面都很实际。但这并不意味着理想化意象就是纯粹虚构的，它是在想象的成分中掺杂了很多现实因素，而且恰恰是这些现实因素的相互作用才产生了这种想象，其中包含了患者真正的理想。虽然夸张的成就纯属虚构，但患者的确拥有这样的潜力。说得更准确些，这种理想化意象反映了患者的真实需要，能够发挥真实的作用，能够真实地影响患者。它的产生具有明确的规律性，因此，只要认识其特点，就能对患者真实的性格结构做出准确的判断。

但理想化意象或多或少包含了天马行空的成分，而在神经症患者看来，这些成分都是真实的。他越是固执地塑造理想化意象，就越坚信自己就是那个形象，同时，他真实的自我也就被隐藏得越深。恰恰是在理想化意象的作用下，这种颠倒错乱的情况必定会发生，其目的就是为了将真实的人格抹掉，而将理想化的自我凸显出来。根据诸多案例，我们可以相信，理想化意象在很多时候几乎可以拯救患者的生命，可见，当理想化意象遭到攻击时，患者自然会进行反抗，这合情合理，或者至少符合逻辑。只要在他看来这种意象是真实且完整的，他便有了存在感、优越感和统一感，即使这些感觉都是幻影。由于他自认为比别人优秀，因此他觉得提出各种要求和主张是他的特权。但当这种意象遭到破坏时，他就会立刻陷入危机感中：他将面对自己的弱点，而且没有资格提出任何要求，在他看来，自己的地位急剧下降，甚至变得极其卑微。尤其是，他必须面对自己的冲突，而且可能会被冲突击溃。或许分析师会告诉他，此时正是他脱胎换骨的好时机，比起他的理想化意象，这些矛盾的感受更是宝贵的经验。然而，在相当长的时间里，这对他却毫无意义，因为他没有勇气立刻改变自己。

假如不是因为理想化意象存在缺点，它巨大的主观价值将会保证其地位不可动摇。首先，因为理想化意象是由许多虚构元素构成的，可见它的根基本身就不稳固，况且这座装满宝物的"房屋"里也装满了炸药，这使得患者极度敏感，一旦外界稍有质疑或批评，一旦他发现自己做出了与理想化意象不符的行为，一旦他感受到了内心冲突的力量，这座藏有宝物的房屋就有可能顷刻被炸毁。要想避免灾难发生，患者必须对自己的生活加以限制：他要远离无法获得赞美和肯定的场合，远离没有绝对把握的任务，甚至尽可能不做任何努力。在他看来，自己天赋极佳，只要挥笔便是杰作。只有庸人才需要靠付出努力实现目标。假如让他像别人那样努力，他会觉得自己受到了侮辱，仿佛要承认自己是个庸人似的。事实上，实现目标必然需要付出努力，而他的态度导致他离自己的目标越来越远。于是，他的理想化意象与真实自我之间的悬殊也就与日俱增。

他不断地需要赞美、敬佩和奉承，以此来获得别人的认可，但这些安慰都是暂时的。在潜意识里，他可能对每个成功人士、每个在某方面比他优秀的人都充满了憎恨，他们的自信、善于处世、知识渊博使他的自我评价受到了威胁。对理想化意象越是执着，这种憎恨就越是强烈。或者，如果他的自傲受到了打压，那么他或许会转而盲目崇拜那些自我夸大并表现傲慢的人。他所爱的只是自己的幻想。他迟早会发现，自己所崇拜的神从来没有关心过他，他们只关心他给他们上了多少炷香，此时，他必定会被深深的失望感吞没。

也许，理想化意象的最大弊端便是会导致自我疏远。压抑或摒弃自身的组成部分只会令人远离自己，这种变化是在神经症的发展过程中逐渐出现的。而神经症是在无意识中形成的，即使它具有自己的基本特征。患者对自己真正的感受、好恶和信念缺乏了解，换言之，他全然忘记了真实的自己。对此，他毫无察觉，只是生活在想象之中。詹姆斯·巴里在小说《汤米和格丽泽尔》中对汤米的描写比任何临床描述更能体现这一现象的过程。当然，这一切都是因为患者用无意识的托词和合理化作用编织成一张巨大的"蜘蛛网"，让自己深陷其中无法逃脱，如果不是这样，患者也不可能做出令自己的生活充满危机的事情来。患者失去了生活的兴致，因为正在生活着的并不是他自己；他不能做出任何决定，因为他根本不知道自己想要什么；只有当面临困难时，他才会如梦初醒，由此可见，他并不了解真实的自我。要想理解这种状态，我们首先需要认识到蒙蔽内心的虚幻面纱必定会扩展到外部世界，就像一位患者所说的："假如没有现实的干扰，我本来应该过得非常好。"

最后，理想化意象虽然在消除基本冲突方面确实发挥了很大作用，但它却使人格出现了新的、更大的损伤。概况地说，一个人因为无法忍受真实的自己，所以才会为自己构建理想化意象。表面上看，理想化意象只是取代了他的真实形象，但事实上，夸大后的形象使得他更加无法容忍真实的自己，更加厌恶和鄙视自己，而且，因为理想化意象过于遥不可及，所以他还会因此而感到烦躁痛苦。于是，他在自高自大和自轻自贱之间、在理想化意象和真实的自我之间左右为难，找不到容身之地。

这样一来，新的冲突便出现了，冲突的一方是他强迫性的、相互矛盾的尝试，另一方是由其内心失衡所导致的专断。对于这种内在的专断，他的反应如同人们对政治独裁的反应一样：他可能会说服自己认同独裁者，换句话说，他会觉得自己真的像内心告诉他的那般完美无缺；他也可能会竭尽全力去实现这个目标；他还可能对独裁进行抵抗，拒绝接受内心的强制要求。假如他的反应是第一种，那么他会表现出"自恋"的特点，拒绝接受批评，对自己的缺陷毫无意识；如果他的反应属于第二种，那么他会表现出"完人"的特点，也就是弗洛伊德所说的"超我型"；如果他的反应属于第三种，那么他会表现出回避一切人事责任，行为怪异，习惯性否定。在这里，我故意使用"表现"这个词，因为无论他的反应如何，他本质上都是在勉强挣扎。即使那些自诩为"自由"的对抗型，也会力求摆脱强加在自己身上的标准；当然，他也会把这些标准用在别人身上，可见他依然被自己的理想化意象所钳制。患者有时也会从一个极端转向另一个极端。比如，在一段时间内，他可能想要变得"善良"，然而当他发现自己无法从中获得安慰时，就会转而对"善良"加以否定。或者，他也可能会从唯我独尊转向追求完美。但在多数情况下，这些态度会组合出现。根据我们的理论来看，这一切显然都说明了这些尝试注定失败，无法成功，它们应该被视为患者为挣脱难以忍受的困境而采取的手段。为了挣脱这些困境，患者会采取种种迥然各异的手段，一种不行就换另一种。

所有这些尝试加在一起，对患者的正常发展构成了巨大的阻碍。由于不知错在何处，因此患者根本无法从错误中汲取教训。尽管他自认为已经取得了成就，但最终依然会对自身的成长失去兴趣。他在潜意识中把成长理解为创造出更加完美、毫无瑕疵的理想化意象。

至此，我们便可以明确分析的任务，即让患者对自己的理想化意象有所认识，逐渐了解它的作用、主观价值以及对他的影响。患者或许会自问：这样做是否造成了太大的牺牲？但只有当患者对理想化意象不再有所需求时，他才会彻底将它放弃。

第七章
外化

我们已经了解到,为了缩小真实自我与理想化意象之间的差距,神经症患者采取了各种虚假的手段,但最终却使这种差距变得更大。然而,因为这个意象的主观价值非常大,所以患者又必须想尽办法让自己接受它。为此,他进行了各种尝试,所使用的手段将在下一章中探讨,在本章中,我们只探讨人们不甚了解的一种手段,而这种手段对神经症结构的影响极其深远。

这种手段,我称之为外化(注释:最早使用这一定义的是施特莱克和阿贝尔,参见《发现我们自己》,麦克米伦版,1943年),它表现为:患者把内在的过程感受为发生在自身之外,因而认定自己遇到的麻烦都源于外部因素。外化的目的同样是回避真实的自我,这一点与理想化意象是一致的。如果说理想化意象是在自我的范畴内对真实的人格进行加工，那么外化则意味着对自我的彻底放弃。简单来说，患者可以通过理想化意象来回避自己的基本冲突，然而当真实的自我与理想化意象之间的差距过大，以致他无法继续忍受时，他就不可能再从自身找到解决方法，于是，他只能逃离自我，把一切责任都推给外界。

这种现象中的一部分属于投射行为，即将个人问题客观化。一般来说，投射意为将自己所厌恶的自身的某些倾向或品质视为他人所有，比如，自己存在着背叛、野心、支配、虚伪、懦弱等倾向，便怀疑别人也存在着这些倾向。由此看来，"投射"一词用在这里非常合适。但外化现象极为复杂，推卸责任只是其中的一种表现。患者不仅将错误都推给别人，而且在某种程度上把自己的一切感受都当作别人的感受。对于一个有外化倾向的人来说，如果他身处弱小国家，那么他会对国家所受的压迫深感不安，但对自己所受的压迫却毫无感知。他可能对别人的绝望感触颇深，但对自己的绝望却毫无感知。最重要的是，他在这方面缺少自我审视。比如，当他对自己感到恼火时，他会以为是别人对他感到恼火，或者是他对别人感到恼火。

另外，他还会将自己的烦恼和快乐、失败和成功全都归结为外部因素造成的。在他看来，失败是宿命，成功是运气，而快乐仅仅是因为天气好。

如果一个人觉得自己能否过得好是由别人决定的，那么他必定就会试图对别人加以改变、改造甚至惩戒，或者对自己加强保护，以避免别人的干预。如此一来，在外化作用下，他便对别人产生了依赖感，但这种依赖与对被喜爱的病态需求所产生的依赖完全不同。此外，外化还造成了对外部因素的过度依赖，因此，他会非常重视住在城市还是乡村，吃这类食物还是那类食物，睡得早还是睡得晚，隶属于这个群体还是那个群体。他由此体现出来的性格便是荣格所称的外倾型。在荣格看来，外倾型性格源于气质倾向的片面发展，但在我看来，它却源于患者将外化作为解决冲突的手段。

外化的另一个必然结果就是会让患者感到空虚和肤浅，从而无比痛苦，但患者的这种感受同样存在错误。他所感受到的并不是情感上的空虚，而是肚子里的空虚，于是他迫使自己大量进食，以此消除空虚感，或者他可能担心自己的体重太轻，会像羽毛一样弱不禁风。他甚至会觉得，一旦自己的一切都被分析，他就会变得空空如也。外化倾向越严重，患者就越会像枯叶一般飘忽不定。

以上是对外化内涵的描述，下面，我们来看一看它是怎样帮助缓解自我与理想化意象之间的矛盾的。不管患者怎样有意识地看待自己，这两者之间的差异都会导致无意识的伤痛；患者越是把理想化意象当作自己的形象，其上述表现就越是无意识。一般来说，这种感受会令患者表现出自卑、自轻和压抑，他不仅因此感到痛苦，而且生活能力也以种种方式被剥夺。

一般来说，自卑的外化表现为对别人的蔑视，或者有被别人蔑视的感觉，这两种表现往往同时出现，而神经症的整体结构决定了哪一种表现更强烈，或者至少更有意识。患者的攻击性越强，越自认为比别人优秀，就越容易蔑视别人，越不会觉得自己受到了蔑视。相反，他越是顺从，就越会因为没有达到理想化意象的标准而自责，越觉得自己微不足道。可见，后者的破坏性更严重，它会使患者胆怯、呆板和孤僻。哪怕得到一点点的赞同或好感，都会被他视为恩赐。同时，他甚至觉得自己没有资格获得真挚的友情，因此不敢结交朋友。他难以抗拒高傲的人，因为他自己也有这种倾向，他觉得自己理所当然受到蔑视。这些反应显然会导致不满的情绪，随着这种情绪的积累和压抑，最终必定会产生破坏性的能量。

尽管有这些负面影响存在，但通过外化的形式来体验自卑依然具有特别的主观价值。患者一旦对自轻有所感知，他仅存的虚假自信便会遭到毁灭性的打击，使他濒临崩溃的边缘。虽然被别人蔑视也很痛苦，但患者依然抱有改变别人或伺机报复的希望，至少也能暗自谴责别人待他不公。但如果是自我鄙夷，那么这些态度都将无济于事，患者便会无意识地感到绝望。他不仅觉得自己的缺点是可鄙的，甚至觉得自己的一切都是可鄙的，就连优点也被他一一否定。也就是说，在他看来，自己所鄙视的正是自己这种人，他觉得这是不可改变的事实，并对此感到无能为力。这就提醒我们，在分析治疗中，分析师最好不要触动患者的自卑感，等到患者的绝望感有所缓解，并且不再执着于他的理想化意象时，再开始进行这方面的工作。只有在此时，患者才能直面他的自卑，并且意识到他的卑微并非客观事实，而是源于对自己过高的期望。他会发现，只要对自己放宽要求，这种情况便可以发生改变，而且，那些令他厌恶的品质也不一定就是丑陋的，而是他足以克服的困难。

我们要记住，对患者而言，维持自己就是理想化意象的幻觉非常重要，这样一来，我们才能理解为什么患者会厌恶自己，以及为什么这种厌恶感会如此强烈。患者通过理想化意象感到自己无所不能，因此，一旦发现自己无法达到这种意象的标准，就会大失所望，厌恶自己。即使他曾在儿时遭遇困难，但他的全能感会让他自认为可以战胜一切阻碍。现在，他已经认识到了自己神经症的复杂性，但这并不意味着他有能力治愈自己。突然意识到冲突会令他感到恐慌，因为，通过相互冲突的驱动力，他发现自己的目标也是相互矛盾的，根本无法实现。

外化对自己的恼怒主要通过三种方式。当患者无所顾忌地发泄怒火时，很容易就会使怒火蔓延至外界，变成对别人的恼怒，这有可能是无理由的暴躁易怒，也有可能是针对别人的具体错误，而这个错误往往是他深恶痛绝的自己也会犯的错误。举例来说，一位女患者对丈夫的优柔寡断深感不快，然而丈夫其实只是在一件琐事上有些犹豫而已，她显然是把问题夸大了。因为我知道优柔寡断恰好就是她自己的缺点，于是，我旁敲侧击地提示她，她的不满恰好表明了她在谴责自己的这个缺点。她听后顿时大发雷霆，恨不得把自己撕成碎片。事实上，她在理想化意象中将自己塑造成刚毅果决的人，所以她完全无法容忍自己的缺点。然而，在下一次的谈话中，她竟然戏剧性地彻底遗忘了自己的这一举动。她仿佛突然发现了自己的外化倾向，但尚未做好准备改变自己。

外化的第二种形式表现为患者会有意或无意地感到恐惧，或者担心自己所痛恨的缺点会激怒他人。患者坚信自己的一些举动会招惹到别人，甚至如果没有受到敌视，他便会感到诧异。比如，一位患者渴望成为《悲惨世界》中神父那样善良的人，但让她吃惊的是，人们更喜欢她的强势表现和发脾气时的样子，而并不在意她的仁慈表现。根据她的理想化意象，我们很容易推测出她属于顺从型。这种顺从起初源于对亲密关系的需要，后来又因期待敌意而被强化。事实上，更加强烈的顺从恰恰是外化的一个主要后果，而且这证明了神经症倾向会在恶性循环中变得越发严重。从这个案例来看，强迫性顺从倾向的强化是由于"善人"这个理想化意象迫使患者不断抹去自我。她把由此引发的敌意发泄到自己身上，而愤怒的外化不仅加剧了她对别人的恐惧，还反过来加重了她的顺从倾向。

外化的第三种形式表现为患者把身体的不适当作关注的焦点。如果患者没有意识到他是在对自己发怒，那么他只会感受到身体上的紧张状态，比如肠胃失调、头疼、疲倦等表现。然而，只要他能够意识到自己的愤怒，这些症状就会立即消失。这一点甚至让人们怀疑，这些生理表现究竟是不是外化，抑或仅仅是压抑怒火导致的生理反应。但患者对这些表现的利用很值得关注。他们往往急切地将自己的精神问题归因于身体不适，再将身体不适归因于外界，由此证明自己精神正常，只不过因为吃错了东西而导致肠胃不适，或者因为工作繁重而导致身体疲倦，或者因为空气潮湿而导致风湿病发作等。

至于外化愤怒给神经症患者带来的好处，其实和自卑的情况差不多。但值得注意的是，只有当我们能够认识到患者身上的破坏性冲动的真正危险时，我们才能充分理解患者的病情已经有多么严重。比如前面讲到的那位女患者，虽然她的自毁冲动仅仅在一瞬间出现过，但精神病患者真的有可能因此就做出自杀、自残的举动。（注释：参见卡尔·蒙林格尔的著作《自我对抗》，布拉斯版，1938年。作者在这本书中列举了大量案例来说明这个问题。但是，他选择的角度与我不同，他认同弗洛伊德的理论，认为人有一种自毁的本能。）可以说，是外化作用阻止了很多自杀事件的发生。弗洛伊德在意识到自毁冲动的力量后，提出了死亡本能的说法，但我们可以理解为，恰恰是这个概念对他真正理解自毁行为造成了阻碍，从而无法找到有效的分析治疗手段。

理想化意象对人格的控制程度决定了患者内心压迫感的强度，对于这种压迫感的作用，哪怕无限高估都不为过。它比外部压力更可怕，因为外部压力至少没有伤及患者内心的自由。患者往往对这种压迫毫无感知，但当压迫感解除后，患者却会感到仿佛放下了一块大石头，重新获得了内心的自由，由此可见这种压迫有着巨大的力量。为了外化自己的压力，患者可能会向别人施压，其效果看似很像对支配地位的渴望，当然，这两者有可能同时存在，但它们之间还是有差别的，外化内心压迫感并不是为了得到别人的服从，而是为了把导致自己烦恼的标准强行转移到别人身上，却不管对方是否会因此而痛苦。一个典型的例子便是清教徒心理。

还有一种外化形式也是非常重要的，它表现为患者敏感于外部世界中一切稍微类似于强迫的东西。善于观察的人都会发现这种过度敏感非常普遍，它并非全部源于自我施压，而往往包含了推己及人的因素，也就是说，患者会把自己对支配地位的需求视为别人的需求，并因此而厌恨别人。对于孤立型人格，我们首先会想到患者强迫性地执着于独立,这种执着必定会使他敏感于一切外部压力。遗憾的是,分析师很容易忽略患者外化无意识的自我强迫这一隐蔽因素,然而这种外化作用往往会在不知不觉中影响患者与分析师之间的关系。即使分析师已经发现了导致他敏感的原因,但患者依然有可能无视分析师的任何建议。在此过程中,医患之间的针锋相对更加具有破坏性,因为分析师的确希望患者能够有所改变,但即使他坦诚地告诉患者,他只是想帮他找回自我和生活的动力,患者也会置若罔闻。那么患者是否会受制于分析师偶尔施与的影响呢?事实上,由于患者对自己缺乏了解,因而也就不知道应该接受什么、拒绝什么。即使分析师小心翼翼地避免把自己的观念强加给患者,但依然于事无补。而且,由于患者根本没有意识到自己的症状源于内在的束缚,因此他只能一股脑儿地拒绝外界所有想要改变他的意图。这种无望的较量不仅会出现在分析过程中,而且势必会出现在一切亲密关系中。要想打破这一模式,就必须对患者的内心活动进行分析。

然而,患者对其理想化意象的高标准越是顺从,就越会外化这种顺从,这使得问题更加复杂化。他会急切地去满足别人对他的期待,或者他所以为的别人对他的期待。

他的表现可能非常配合,但私下里又会积聚起对于这种"强迫"的厌恨。最终他会认为每个人都对他有支配权,因而对每个人都充满厌恨。

那么,外化内心的压迫感能给人带来什么好处呢?只要坚信这种压迫源于外界,他便有了反抗的勇气,即使只是内心的抵触。同样,只要坚信这种压迫源于外界,他就能够设法逃避,并因此得以维持一种自由的幻觉。但更重要的是前面所说的:承认内心的压迫感就相当于承认真实的自己与理想化意象之间的差异,这会使情况变得非常糟糕。

有一个很有趣的问题,即这种内心的压迫感是否表现出来,以及在哪种程度上表现为生理症状。我个人觉得,它和哮喘、高血压、便秘有关,但我在这方面没有多少经验。

接下来,我们要讨论被患者加以外化的各种特征,这些特征都违背了患者的理想化意象。总体来讲,这些特征的外化是由投射实现的,换句话说,患者会觉得别人具有这些特征,或者是别人导致他具有了这些特征。这两种表现未必同时出现。在下面的案例中,我们或许要旧话重提,虽然有些事情大家已经有所了解,但这些案例将有助于我们更深入地理解投射的意义。

患者A嗜酒成性,还时常抱怨他的恋人不够关心和体贴他。在我看来,这种抱怨是毫无根据的,至少不像A所认为的那样夸张。在旁观者看来,A有着很明显的冲突:一方面性格顺从,宽厚大度,和蔼可亲;另一方面,他又专横跋扈,尖酸刻薄,自高自大。这便是攻击性倾向的投射现象。但这种投射有何必要呢?我发现,他的理想化意象是一个大善人,是继圣·弗朗西斯之后最有德行的人,是人们最理想的朋友,而攻击性倾向只是其强大人格中的一种自然成分。那么,这种投射是否为了强化他的理想化意象呢?当然是的。此外,这种投射也保证了他可以将攻击性倾向表现出来而无须对此有所意识,也无须直面冲突。我们可以看到,他处于一种左右为难的境地:从本质上说,他的攻击性倾向具有强迫性,因此无法改变;而理想化意象可以保证他免于精神分裂,所以他也不可能放弃它。投射让他得以摆脱两难,因为它具有一种无意识的二重性:既能保证他的攻击性需求,也使他具备了大善人所应有的品质。

这位患者还怀疑恋人不忠于他。但这种怀疑毫无理由,因为她爱他就像母亲爱子女一样。而真相却是他自己总是背着恋人偷情，只不过做得相当隐蔽。我们可以理解为，这是一种源于推己及人的报复性恐惧，因此他需要想方设法进行自我辩护。即使我们考虑到同性恋倾向的可能性，但依然无法对此做出解释，问题的唯一线索还是他对于自己的不忠所持的特殊态度。他看似不记得自己曾经偷过情，但其实这些回忆都留存在他的潜意识中，只不过不再有鲜活的感受，但对于恋人的所谓不忠，他反而印象深刻。这便是他外化了自己的经验，其作用与前面列举的案例相同，都是既能维持他的理想化意象，又能让他放任自己。

另一个案例就是政治团体和其他组织中的权力斗争。使用钩心斗角的手段往往是因为有意识地想要击败对手、争夺地位，但也有可能是因为身处无意识的两难境地——就像前面所说的那样。在后者的情况下，所谓钩心斗角或许就是一种无意识的二重性的表现：它保证了理想化意象的纯粹性，又能让我们在斗争中尽情耍手腕，同时它还提供了一个绝佳的方法，可以将对自己的恼怒和蔑视转移到他人身上，当然，对方最好恰巧是我们的对手。

最后，我要指出一种常见的转移责任的方式，以此作为总结。很多患者都有这样的表现：一旦意识到自己有某些问题，便会立刻把问题的根源追溯到童年时代。在他们看来，是母亲的强势导致了他们对强迫非常敏感，是童年时期遭受过的羞辱导致了他们很容易产生被羞辱的感觉，是早期的伤害导致了他们报复心很强，是儿时的不被理解导致了他们性格内向、不合群，是从小接受的清教徒式的教育方式导致了他们在性方面非常压抑，等等。这里所说的不是分析师和患者一起对童年时期所受影响进行的分析，而是那种过分注重童年时期所受影响的分析，这样的分析只会陷入死循环，最终一无所获，因为它无法深入探索患者身上的各种致病因素。

弗洛伊德对遗传观念的过分强调，使得这种分析方式得到了支持，因此，我们更有必要认真考量一下其中包含了多少真理与谬误。应当承认，患者的神经症倾向是在儿时形成的，他所提供的一切线索都关系到他对于已经存在的倾向的理解。客观环境的影响令他身不由己地发展自己的倾向，所以，患有神经症的责任的确不在于他。出于种种原因（下面将进行说明），分析师必须向患者讲明这些情况。

患者的谬误在于，儿时形成的那些因素目前仍然对他起作用，并且导致了他的现状，但他对这些因素毫无兴趣。比如，儿时目睹的很多伪善或许就是导致他目前对人冷嘲热讽的原因之一。但如果认为这种冷嘲热讽仅仅源于他的儿时经历，那么便忽略了他目前对嘲讽他人的需求。之所以会有这样的需求，是因为他在不同的理想之间摇摆不定，为了解决这种冲突，他必须舍弃一切价值观念。另外，他还会在无力负责时偏要负责，而在应该负责时却拒绝负责。他沉浸在儿时经历的回忆中，就是要让自己相信那些挫折是他不得不遭遇的，而且，纵使受到了挫折的影响，他依然能够安全地脱身出来，犹如纯洁的莲花一般出淤泥而不染。他的理想化意象必须对此负有一定的责任，因为正是它导致了患者拒绝承认曾经有过或目前依然存在的缺陷或冲突。更重要的是，他一再提及儿时经历，这看似是一种自省，其实只是虚假的自省，但因为他外化了自己的问题，所以自然无法感受到作用于内心的各种因素。这样一来，他就无法在生活中掌握主动权，无法主宰自己的生活，于是，他把自己想象成一个从山上滚下去的球，或者是一只实验用的豚鼠，一旦被限定在条件反射中，就永远无法改变了。

我们从患者对儿时经历的片面强调中可以明显看出他的外化倾向。因此，一遇到这种态度的患者，我便可以判断对方肯定是个疏离自我,且离自我越来越远的人。我的这种判断至今尚未出过错。

在患者的梦境中也会出现外化倾向。比如,患者会梦见分析师是监狱的看守,或者梦见自己被丈夫关上的门挡住了去路,或者梦见自己在追逐目标时一再受阻,这些梦都表明了患者企图否认自己内心的冲突并将其原因推向外界。

那些具有广泛外化倾向的患者会给分析治疗带来特殊的困难。他以为分析治疗就像拔牙一样只是医生的任务,而与他自己无关。如果他的妻子、朋友或兄弟患有神经症,他会表现得很积极,但对自己的神经症却毫无兴趣。对于自己遇到的各种困难,他可以高谈阔论,但对于自己在其中应该负有的责任,他却闭口不谈。在他看来,自己糟糕的境况都是因为妻子的神经质或者工作的不顺心。在相当长的时间里,他完全意识不到情感因素对他内心的影响;他怕鬼,怕盗贼,还怕雷电,担心身边有人企图报复他,担心政治局势的变化,但对自己却毫无担忧。在他看来,自己的问题能给他提供思想或艺术上的乐趣,仅此而已。但我们可以确定的是,只要他在精神上意识不到自己的存在,他所获得的任何感悟都不可能被运用到实际生活中,所以,无论他多么了解自己,都不可能有所改变。

所以,从本质上讲,外化是一种自我毁灭的积极过程。它之所以可以实现,是因为患者的自我疏离,而对神经症来说,这种疏离是固有的现象。内心冲突会随着自我毁灭逐渐从意识中淡出。在外化的作用下,患者会变得越发责怪、报复和畏惧他人,换句话说,内心冲突被外在冲突所取代。说得更具体些,就是引起神经症的冲突——即人与外界的冲突——在外化的作用下变得更加严重了。

第八章
虚假和谐的辅助手段

一个谎言总是需要第二个谎言来圆，第二个谎言又需要第三个谎言来圆，就这样，谎言一个接一个，直到把人牢牢缠住，无法脱身。这样的情形司空见惯。一个人或一类人，如果缺乏挖掘真相的精神，那么就有可能随时陷入这种纠缠不清的局面中。当然，表面的补救不能说是完全徒劳，但新的问题也会接踵而至，而要想解决新的问题，又需要新的方法。对于神经症患者来说，当他们解决基本冲突时也会遇到这种情况，表面看似发生了很大的变化，但最初的问题依然存在，而且没有任何办法能够解决。无奈之下，患者只好不断地用一个又一个虚假的解决方法来弥补，但就像我们已经知道的那样，这种叠加或许凸显了冲突的某一方面，但他依然难逃被分裂的状态。最后，他可能会选择远离人群，独自隐居起来，虽然这样能够使冲突不再发挥作用，但他的生活依然非常不稳定。他所创造的理想化意象看似是成功的、人格统一的，但只不过是给人格增加了新的裂痕。为了弥补这个裂痕，他曾尝试在内心的战场上消除自我，没想到此举却将自己置于更为不利的境地。

这一平衡极为不稳定，他需要采取更强烈的措施来维持支撑。于是，患者四处寻求救援，并且找到很多无意识的方法，例如盲点作用、切割作用、合理化作用、过度的自控、绝对的自信、不可捉摸、玩世不恭等。对于这些现象，我不打算一一讨论，因为这项工作太过庞杂，我只想说明患者是如何运用这些手段来应对冲突的。

神经症患者的真实自我与理想化意象之间的区别相当明显，以致旁人会诧异于患者本人竟然意识不到这一点。他不仅意识不到，甚至对摆在眼前的矛盾也是熟视无睹。这种盲点现象就是最突出的矛盾，由此我首先注意到冲突的存在以及和它相关的问题。比如，一位患者具有顺从型的全部特点，他自认为是个大善人，但却能用淡然的语气对我说，在工作会议上，他恨不得开枪毙了那些同事。这些屠杀般的念头确实是无意中冒出的，但矛盾的是，这种被他称为"杀人游戏"的想法,丝毫不会影响他圣人般的理想化意象。

还有一位患者是个科学家,他自认为工作态度一丝不苟,并且是自己所在领域的开拓者。但在挑选文章准备发表时,他却怀着碰运气的心态,专挑那些容易引起巨大反响的文章。他并不掩饰自己的行为,只是像前文中所描述的那位患者一样,完全意识不到其中存在着矛盾。类似的还有一位自认为善良而真诚的男人,他从一个姑娘那里得来钱财,然后把这些钱财拿给另一个姑娘消费,对此,他竟没有觉察出有什么不妥。

显然,从这几个案例来看,盲点的作用是从意识中排除潜在的冲突。出人意料的是,它居然轻而易举做到了这一点;更不可思议的是,这些患者非常聪明,而且还具有一定的心理学知识。如果仅仅认为所有人都会无视自己不愿意看到的东西,那么显然无法充分解释这一现象。需要补充的是,我们会在多大程度上无视一件事,取决于我们对这件事有多大的欲望。总之,简单来讲,这种人为的盲点只是证明了我们极不情愿承认冲突。但问题的关键是,面对显而易见的矛盾,我们是怎样做到熟视无睹的呢?实际上,要想实现这一点,就必须具备特定的条件。其中一个条件就是对自己的情感体验完全麻木和迟钝。另一个条件，按照斯特莱克尔的说法，便是过一种把整体切割成一个个局部的生活。他除了解释盲点现象，还谈到了逻辑缜密的切割手段：一部分属于朋友，一部分属于敌人；一部分属于家人，一部分属于外人；一部分属于公有，一部分属于私有；一部分属于上级，一部分属于下属。所以，在神经症患者看来，每一个局部中发生的事情都是独立的，彼此之间并不矛盾。只有当患者因冲突而丧失统一感时，才有可能选择这样的生活方式。所以，与拒不承认冲突一样，切割整体也是患者被冲突分裂的结果。这一过程类似于理想化意象中的情况：矛盾依然存在，但冲突却被遮掩。至于是理想化意象导致了切割作用，还是切割作用导致了理想化意象，这很难说清楚。但似乎注重局部而忽略整体更应该是形成理想化意象的根本原因。

对这个现象的理解要从文化因素入手。从很大程度上讲，在复杂的社会环境中，人们已经变成了一个个齿轮，自我疏离的现象非常普遍，个人价值也一落千丈。人们的道德感由于文化中的种种矛盾而日益麻木。人们甚至毫不在意道德准则，于是，当一位慈祥的父亲突然露出狰狞的面孔时，人们会觉得这是稀松平常的事。在我们身边，几乎已经没有一个人格完善的人,因此我们也就很难通过对比看出自己的分裂状态。在精神分析工作中,弗洛伊德把心理学看作自然科学的门类,从而摒弃了它的道德价值,这使得分析师同样无法察觉这种矛盾。在分析师看来,把个人道德观带入工作中,或是对患者的道德观发生兴趣,都违背了科学精神。但实际上,对矛盾的承认并不只是道德领域的问题,也是其他诸多理论体系中都存在的问题。

我们可以把合理化定义为以推理的方式实现的自我欺骗。人们往往认为,合理化主要用于自我辩护,或者用人们普遍接受的观念来解释自己的动机和行为,从某种程度上来看,这种说法是对的。比如,同一文化背景下的人们会依照相同的方式进行合理化,但事实上,合理化的内容和手段却因人而异。如果我们将合理化视为支持神经症患者制造虚假和谐的手段之一,这一点便是自然而然的了。在患者围绕着基本冲突建立起的防线上遍布着合理化的作用,患者的主要倾向通过推理而得到强化,为了掩饰冲突,他对可能引发冲突的各种因素进行削弱或修正。通过对比顺从型和对抗型,我们可以发现这种利用自我欺骗的推理过程是怎样对人格进行合理化的。顺从型用同情心来解释自己的助人意愿,尽管他的支配倾向很强烈。假如这种支配倾向太过明显，他便会将其合理化为乐善好施。而攻击型在帮助他人时会认为自己的所作所为都是出于私心，拒不承认自己怀有同情心。理想化意象总是需要大量的合理化行为做后盾，最终必定要否认真实自我与理想化意象之间的差异。通过外化作用，患者用合理化手段把责任推给外界，或者以此证明自己身上的那些惹人讨厌的特质只是对他人行为的"自然"反应。

患者过度自控的倾向可能表现得极其强烈，以至于我曾将其视为一种原始的神经症倾向。它犹如一座堤坝，挡住了矛盾情感的洪流。在初期，它往往表现为有意识的行为，但很快就会变成自发的形式。在进行自控时，患者严禁自己受到任何干扰，无论是激情、性欲、自怜还是恼怒。患者在分析过程中很难做到自由联想；就连酒精也无法刺激他的神经，他宁愿忍受痛苦也不肯被麻醉。总之，他企图压抑所有的自发性。在那些冲突比较明显的患者身上，这些特点表现得最为突出，他们没有采取任何措施来掩饰冲突，也没有充分地保持自我孤立状态以化解冲突，这便使冲突的任何一方都无法居于主导地位。他们只能借助理想化意象维持一种不分裂的假象。然而，如果不付出任何努力，单凭理想化意象根本不足以实现内心的统一，尤其是当理想化意象是由相互矛盾的因素构成时。遇到这种情况，患者就需要有意或无意地凭借意志力来控制冲突的发展。愤怒会引发最强的破坏力，因此，他要投入最多的精力来对愤怒加以控制。恶性循环由此形成：被压抑的愤怒积聚起爆炸性的能量，而这又需要更大的自控力来进行压制。当分析师提醒患者注意自己的过度自控时，患者会自我辩护说自控是文明人的基本素养。而他所忽略的，却是自控的强迫性本质。他身不由己地进行自控，假如自控没有效果，他便会惶恐不安，这一点可表现为担心精神失常，由此可见，抵御被分裂的危险便是自控的目的。

绝对的自信有着双重功效，它既能消除内心的疑虑，又能排除外界的影响。如果冲突得不到解决，患者必定会有很多疑虑，它们甚至会严重到妨碍患者的行动。在这种情况下，患者很容易受制于外部因素。坚定的信念能让我们免于犹疑，但如果我们总是站在十字路口，不知如何做出抉择，那么外部因素很容易就会代替我们做出抉择，即使这一切只发生在一瞬间。另外，这种疑虑不单指某种行为过程，还包括了自我怀疑，也就是对自己的权利和价值的怀疑。

这些不确定因素都对我们的生活能力造成了损害。但似乎并非所有人都对此感到难以忍受。一个人越是把生活看作残酷的斗争，就越会把疑虑看作危险的弱点；自我孤立的倾向越严重，外界的影响就越有可能引发他的愤怒。通过观察，我发现这样一个事实：当对抗倾向和孤立倾向相结合，成为一个人的主导倾向时，他最有可能生出绝对的自信；对抗倾向越明显，绝对的自信就越强烈。患者武断地宣称自己一贯正确，企图以此一劳永逸地解决冲突。在合理化作用的影响下，患者发现情感只会背叛内心，所以必须加以控制。经过这样的努力，患者或许能够获得平静，但这样的平静毫无生命力。由此我们不难推测，在患者看来，分析会打破其内心的"平静"，所以，他必定对分析非常反感。

　　还有一种表现与绝对的自信截然相反，但也是拒不承认冲突的防御措施之一，其表现为不可捉摸。当患者出现这种表现时，很像童话故事中的角色，一旦面临追击，就会变成一条鱼；如果这样还有危险，就会变成一只小鹿；如果猎人依然紧追不放，他们就会立刻变成小鸟飞走。从他们口中说出的话，你永远也摸不透哪句是真的，哪句是假的；他们要么否认自己曾经说过的话，要么一口咬定你误解了他的意思。他们似乎总能把简单问题复杂化，而且几乎无法明确表达自己的观点，即使努力想说得清楚一些，最终也总是把听者绕晕。

这种混乱局面也体现在他们的生活中。他们时而狠毒，时而仁慈；时而温情，时而冷酷；在某些方面会表现得专横跋扈，在某些方面又表现得谦逊谨慎。他们起初希望伴侣强势，而一旦自己受了委屈，就会变得比伴侣还要强势。当他们的行为对别人造成伤害时，他们会因悔恨而尽力弥补，但随后又觉得这样做实在太傻，于是再次伤害对方。在他们身上看不到任何确定的东西。

面对这种情况，分析师也会困惑，甚至觉得无法继续分析下去了。但这种想法是错误的。这些患者只是没能顺利地走上通常的统一人格的道路：他们既没有压制住一部分冲突，也没有建立起明确的理想化意象。从某种意义上讲，他们的表现反衬出了这些尝试的价值。我们在前文中探讨过各类患者，虽然他们的问题也很麻烦，但至少他们的人格并不混乱，不像不可捉摸型的人那样严重地迷失了方向。此外，分析师的另一个错误便是以为冲突是很明显的，轻而易举就能发现它们，所以分析治疗并非难事。但他最终会发现，患者非常厌恶将问题明朗化，甚至会拒绝分析治疗。分析师应该明白，这是患者抵御别人探察其内心的一种手段。

最后要说到玩世不恭,即否认并嘲弄道德观,这也是拒绝承认冲突的一种方法。每一个神经症类型,无论多么固守自己可以接受的特定标准,都必然包含了对道德观的怀疑。虽然玩世不恭的根源是多方面的,但其一贯的作用却是对道德观的存在加以否定,如此一来,患者便无须费心去搞清楚什么东西值得自己相信。

由于玩世不恭可以是有意识的,因此被喜欢搞阴谋权术的人所追捧,成为他们的行为准则。他们认为世间的一切都是表象,只要不被抓住,人尽可以胡作非为;所有人要么是真正的笨蛋,要么就是伪君子。无论在什么情况下,只要分析师提到"道德"一词,这类患者就会非常敏感,就像弗洛伊德时代的人们对"性"这个词极度敏感一样。但玩世不恭也有可能是无意识的,这种倾向只不过因为患者在口头上顺应社会观念而被掩盖。患者的言行暴露了他玩世不恭的态度,即便他自己可能对此一无所知。他也可能在无意间置身于矛盾之中,就像有些患者自认为诚实正直,但却对那些阴险狡诈的人心生嫉妒,恨自己不能像他们一样。在适当的时候,分析师要让患者充分意识到他的玩世不恭,并帮助他理解这一点。此外,还要向他解释建立自己价值观的重要性。

以上所说的防御机制都是围绕着基本冲突构建起来的。我将这个防御体系简单地统称为防护结构。每一种神经症都会以组合的形式构成整个防御体系,只不过其作用的程度各有差别。

第二部分
未解决的冲突所导致的后果

第九章
恐惧

在对神经症问题的深层含义进行探索时,我们面对种种复杂的现象,很容易迷失方向。这并不奇怪,因为如果无法正视其复杂性,就不可能理解神经症。经常退出来观察一下,对我们调整视角、通观全局是很有帮助的。

我们已经逐步了解了防护结构的形成和发展,看到了每一个防御体系是怎样构建起来的,最终,它们都固化为一种静态机制。让我们印象最深的,便是患者在这一过程中消耗了巨大的精力,那么,一个人到底为什么会付出如此大的代价来走这条艰难的路呢?我们自问:这个结构是因什么力量而变得如此僵化且难以改变?难道仅仅是因为畏惧基本冲突的破坏力,就建立起防御体系吗?为了使答案更清晰,我们可以做一个类比,当然,任何类比都只能概括性地来使用，不可能完全准确。我们假设有这样一个人，他过去的经历有污点，但他通过隐瞒和伪装，成功地在社会上立足，但他很担心过去的污点被人发现。后来，他的情况变得越来越好，结交了很多朋友，找到了理想的工作，然后又结了婚。对于新的生活，他非常珍惜，并由此萌生了新的担忧——害怕失去幸福的生活。现在的地位使他引以为傲，并努力摆脱过去的阴影。他参与慈善事业，捐了很多钱，甚至慷慨救济以前的朋友，其目的就是为了将过去的生活完全抹掉。同时，人格上的变化却使他陷入新的冲突之中，结果，在伪装下开始的新生活反倒成了新问题掩盖下的暗流。

由此看来，无论神经症患者怎样努力，仍然无法消除基本冲突，只是改变了问题的形式，削弱了一些方面，却加强了另一些方面。在这一过程中固有的恶性循环的影响下，随后所面临的冲突只会越发严重。导致冲突加剧的原因是，每一种新的防御方法，对患者与自己以及他人的关系都会造成进一步的伤害，而冲突的根源就在这里。另外，在他的生活中，由于爱、成功、独立、理想化意象等新因素的作用越发重要，因此，他开始担心事情会发生改变，担心自己所珍视的一切会遭到威胁。同时，他的自我疏离使他更加无力控制自己,也无法摆脱当前的困境。在随之而来的惯性的作用下,他已经无法得到正常的发展。

患者的防护结构看似坚固,其实非常脆弱,本身还会导致新的恐惧,其中之一就是担心平衡被打破。虽然患者会从这种结构中获得某种平衡感,但这种平衡感不堪一击。患者能够以各种方式感觉到威胁,即使并非有意识地去感知它。他凭借经验知道自己会莫名其妙地出问题,会在毫无预兆或极不愿意的情况下突然感到恼怒、兴奋、郁闷、疲倦和压抑。这些体验让他产生了某种失控感,他因此变得不自信,仿佛举步维艰。这种心理失衡可能会体现在仪态上,比如走路姿势或步伐出现异常,或者无法控制身体平衡。

这种恐惧最具体的表现就是担心精神失常。当恐惧变得明显时,患者会主动向精神科医生求助。在这种情况下,恐惧也会受到一种被压抑的冲动的影响,这种冲动让患者想做各种疯狂的事情,它虽然具有破坏性,但患者却完全没有负罪感。然而,担心精神失常并不意味着真的会精神失常。一般来说,这种恐惧是暂时性的,只有当处于极度悲伤的心境时才会出现,它给患者带来的最大刺激体现为对理想化意象的突然威胁,或是一种强烈的紧张感

（其主要源于无意识的愤怒），导致患者无法维持过度的自控。比如，一位女士原本觉得自己性情温和且勇敢，然而一旦身处困境，感到无助、担心和恼怒时，这种恐惧感就会随之产生。以往，她的理想化意象始终都是她坚固的保护网，但如今，这层保护网突然断裂，她因此担心自己会崩溃。我们曾说过，当孤立型患者被强行拉出他的"庇护所"，不得不面对他人时（比如必须入伍或与亲属相处），他就会感到恐惧。他可能会担心自己精神失常，甚至真的表现出精神失常的症状。在分析过程中，如果一位患者努力营造出和谐的假象，但又突然意识到自己正处于分裂状态，那么类似的恐惧感也会出现。

大部分情况下，对精神失常的恐惧主要源于无意识的愤怒，这一点在分析中已经得到了证实。这种恐惧感一旦减弱，便会转化为担忧，患者会担心自己失去自控能力，以致辱骂、殴打，甚至杀掉别人，还会担心在睡觉、醉酒、麻醉或性兴奋的状态下，自己会出现暴力行为。愤怒可能是有意识的，或者在意识中呈现出强迫性的暴力倾向，尽管没有采取任何行动；此外，愤怒也可能是无意识的，患者只是感到一种突如其来的莫名恐慌，往往伴有出汗、眩晕，甚至担心自己会昏倒，这体现了一种潜在的恐惧，害怕自己无法控制暴力倾向。如果无意识的愤怒被外化，患者或许会对雷电、鬼魂、盗贼和蛇等事物感到恐惧，换句话说，他会对外界的一切具有潜在破坏性的力量感到恐惧。

但相对来说，对精神失常的恐惧就比较少见了，更常见的是担心失去平衡。这种恐惧隐藏得更深，经常表现为含混不清的形式，在日常生活中，任何变化都会引发这种恐惧。有这种恐惧的人很容易在准备旅行、乔迁、变换岗位、雇用新人时深感不安，所以他会尽可能避免做出改变。由于这种恐惧会对人格的稳定性造成威胁，因此患者不敢向医生求助，特别是当他有办法应对新生活时。对于分析的可行性，他在做出判断时会考虑那些看似很有道理的问题：分析治疗是否会对自己的婚姻造成破坏？是否会让自己暂时失去工作能力？是否会让自己变得脾气暴躁？是否会违背自己的宗教信仰？在第十一章中我们将会看到，从某种程度上讲，这些问题都源于患者的绝望感，在他看来，任何冒险都是不值得的。但从他所关注的问题背后，我们却能发现他真正的担忧，即他要确定分析不会破坏自己的平衡。由此我们可以认定，患者所谓的平衡本来就不稳定，所以对他的分析治疗自然会非常困难。

分析师能保证不破坏患者的平衡吗？不可能。所有的分析治疗都必定会暂时地给患者带来不安。分析师的工作就是对这些问题进行深入的分析，帮助患者弄清楚他真正恐惧的对象，并且告诉他，虽然在分析的过程中，他的平衡感会暂时被打破，但他会因此而获得更加牢靠的平衡感。

害怕暴露是另一种源于防护结构的恐惧，其产生于患者为维护和发展防护结构所采取的种种虚假手段。后面探讨冲突是怎样破坏患者的道德诚信时，我们再来具体描述这种虚假手段，现在我们只需要指出，患者希望在自己和他人面前显得不同于自己的真实形象——更加的和谐、理性、慷慨、强大或无情。至于他是担心被自己看到真面目，还是被别人看到真面目，这就很难说得清了。当然，他在意识上对别人更为关注，他越是外化恐惧，就越是担心暴露。这样一来，他或许会觉得，他对自己的看法并不重要；只要不被别人发现，错误和挫折全都无关紧要。这种感觉是有意识的，即使与实际情况完全不符。通过这一点，我们可以判断他的外化程度。

担心暴露的感觉通常很模糊，换句话说，患者隐约觉得自己在自欺欺人，或者突然开始重视起自己并不感兴趣的东西。患者可能担心自己不像别人以为的那么聪明能干、有教养、有魅力，所以转而把恐惧聚焦于自己性格中所不具备的品质。一位患者记得自己少年时期成绩突出，但他总是担心别人会怀疑他的成绩不真实。哪怕多次转学，而且成绩始终名列前茅，这种担心依然无法消除。他为此感到烦恼，但又不知其原因。事实上，他考虑问题的方向错了，所以自然想不明白：对暴露的恐惧与他的智商并无关联，而只不过是被转移到了这方面。其实，他真正恐惧的是暴露了自己的虚伪，而这种虚伪是无意识的，在他看来，自己是个不看重成绩的好学生，但事实上，他极其渴望战胜别人。我们可以根据这个案例得出一个普适的结论：担心自己是骗子，这种恐惧总是关系到某种客观因素，但患者往往会认为另有原因。这种恐惧最明显的症状便是脸红或羞涩。由于患者害怕暴露的是一种无意识的虚伪，因此，如果分析师发现患者有害怕暴露的情绪表现，便认定他有想要隐瞒的羞耻之举，从而着手探寻，那么便大错特错了。其实，患者或许并没有隐瞒什么。让患者意识到自己的潜意识中有某种害怕暴露的东西，只会使患者更加自责，而对建设性的分析工作毫无益处。他或许会详细讲述自己的性经验或破坏行为，但只要分析师意识不到患者正处于冲突之中,意识不到自己思维的局限性,那么患者就始终无法摆脱对暴露的恐惧。

任何情境都有可能引发对暴露的恐惧,对神经症患者来说,这些情境就意味着要经受检验,比如,开始新工作、结识新朋友、进入新学校、考试、社会活动,甚至只是参与讨论或任何会让他置身于众目睽睽之下的场合。在患者的意识中,他认为自己担心失败,其实,他只是担心暴露,所以,即使成功了,这种担忧也不会减轻,在他看来,自己只不过是侥幸过关,但无法保证下一次还能这么幸运。假如真的失败了,他便会更加确信自己的欺瞒行径,觉得这一次终于暴露原形了。这种感觉的表现之一便是极度羞涩,特别是在面对新情境时;还有一个表现便是对别人给予的赞赏和喜爱保持警惕,他会有意或无意地想:"他们欣赏我、喜欢我,是因为他们不了解我,假如他们真的知道我是什么样的人,就不会再喜欢我了。"由于分析的目的便是深入探索问题的源头,因此,在分析中,这种恐惧必定会发挥作用。

每出现一种新的恐惧,就需要建立一套新的防御方法。在试图清除对暴露的恐惧时,患者有时会使用两种相互对立的方法,而这些方法都是由他的性格结构决定的。

一方面，患者会表现出回避一切考验式情境的倾向，当无法回避时，便会选择沉默，而且相当克制自己，或许还会给自己罩上一层神秘的面纱；另一方面，患者又会在无意识中试图让自己变得无懈可击，从而令自己无须再担心暴露。后一种态度不仅可以用于防御，对抗型患者往往也会借助欺瞒对他们想利用的人施加影响；因此，当分析师试图通过分析来影响患者时，往往会遭到狡猾的抵抗。在这里，我所指的是有公开施虐倾向的人。我们将在后面介绍，这一特征是怎样刚好符合患者的性格结构的。

要想理解患者对暴露的恐惧，必须从以下两个问题入手：患者担心暴露的是什么？如果真的暴露了，他担心的是什么？我们已经给出了第一个问题的答案。在回答第二个问题之前，我们先要探讨另一种由防护结构引发的恐惧，即担心被忽视、被侮辱和被嘲弄。患者对打破平衡的恐惧源于防护结构的不稳定，对暴露的恐惧源于无意识的虚伪，对羞辱的恐惧则源于自尊心受伤。对于这个问题，我们在前面已经进行过探讨。构建和外化理想化意象的过程都是为了修复受伤的自尊心，但正如我们所看到的那样，它们只会令自尊心进一步受损。

由神经症发展过程中自尊所发生的变化，我们可以发现两组交互运动的轨迹。一组的情况是，真实的自尊在大幅下跌，而虚假的自傲却在大幅上涨；之所以表现出自傲，是因为患者自认为比别人善良、努力、独特、聪明。另一组的情况是，患者对真实的自我加以贬低，却过度抬高别人的地位。在压抑、理想化和外化的影响下，患者无法看清自己，觉得自己只是一个虚无缥缈的幻影，即使事实并非如此。同时，由于他既需要别人，又畏惧别人，这就导致别人在他眼里变得越发可怕，却又越发不可或缺。所以，患者的重心已经由自己转向别人，他还将属于自己的权利也拱手让给了别人。这就导致他更加看重别人的看法，而忽略了自我评价，别人的看法在他心目中越发具有权威性。

以上各种情况共同解释了神经症患者担心被忽视、被羞辱和被嘲弄的原因。每一种神经症都存在着此类情况，所以患者在这方面表现得尤为敏感。如果我们知道了有那么多的因素会导致对忽视的恐惧，那么我们就会发现，想消除或减轻这种恐惧并不容易，它只能随着神经症的缓解而减轻。

一般来说，在这种恐惧的影响下，神经症患者会对别人产生隔阂和敌对情绪。更重要的是，他会因此变得极其懦弱，完全无法发挥自己的能力。他不敢对别人抱有期待，也不敢向别人提出要求；他不敢结识在某些方面比他优秀的人；即使他有自己的想法，也不敢说出来；即使他的创造力很强，也不敢去施展；他不敢让自己变得有魅力、有感染力，不敢寻求更好的职位，等等。他偶尔也会跃跃欲试，但立刻就因为担心被嘲笑而停滞不前，只能重新回到沉默和警惕中规避风险。

还有一种比我们描述过的这些恐惧更难以察觉的恐惧，我们可以将其视为神经症发展过程中一切恐惧的综合体，即担心自身的任何改变。对于这种恐惧，患者会以两种极端态度进行处理：一种是熟视无睹，等待未来的某一天，问题会奇迹般地自动消失；另一种是急于改变，即使尚未完全理解问题。持第一种态度的患者以为对问题稍有了解或者承认自己存在问题就足够了；一旦得知必须改变态度和倾向才能实现自我，他便会深感诧异和不安；即使他清楚了其中的道理，潜意识中也依然无法接受。持第二种态度的患者自以为已经做出了改变，但这只是想当然，因为他不可能承认自己的不完美，而且他无意识的全能感让他以为只要有了消除麻烦的想法，麻烦就必定会消失。

对改变的恐惧背后，隐藏着对变得更糟的恐惧，即担心自己随着理想化意象的破灭而变成自己所厌恶的样子，或者变得平庸，或者经过分析只剩下一具空壳。患者对未知的东西充满了恐惧，担心曾经拥有的安全感和满足感都会消失，或者担心一切都无法改变。只要了解了患者的绝望感，便能更加理解这种恐惧。

所有这些恐惧都是由未解决的冲突导致的。但要想最终获得人格的统一，就必须敢于直面这些恐惧。因此，它们也是一种障碍，令人无法正视自己。它们犹如一座炼狱，只有跨过这一关，才能得到最终的救赎。

第十章
人格的衰退

　　未解决的冲突会给患者带来怎样的后果？面对这个问题，犹如面对一片未被开发的辽阔荒野。我们或许可以先来探讨患者表现出来的一些症状，比如，抑郁、酗酒、癫痫或精神分裂，以此更好地理解具体症状。但我更愿意把考察的视角放得更高一些，并且提出这样的问题：未解决的冲突是怎样对我们的精力、人格完整和人生幸福造成影响的？之所以采用这样的方式，是因为只有充分理解了这些症状下人的基本属性，才能把握这些症状的意义。现代精神医学总体倾向于寻求能够解释现存症候的便捷的理论公式，从临床分析师的角度来看，这种倾向是可以理解的，但这种做法就像还没打好地基就要盖楼顶一样，既不科学，也不可行。

我们在前文中已经提到了一部分与现在所讨论的问题相关的因素，在此仅做简单的补充。另外一部分因素已经暗含于前文中，当然，我们还需再补充一部分因素。我们并不是为了让读者模模糊糊地了解到未解决的冲突是有害的，而是要让读者清晰而全面地认识到冲突是怎样对人格造成损害的。

带着冲突生活只会对生命力造成严重的浪费，这不仅源于冲突本身，还源于一切试图解决冲突的错误手段。一个本质上处于分裂状态的人无法专心做任何事情，总想一心二用或多用，试图完成彼此矛盾的目标。这意味着，他要么因此而分散精力，要么白白浪费了自己的努力。前者以培尔·金特为例，他凭借着理想化意象，自以为在各方面都超乎常人。后者以一位女患者为例，她想成为一位好母亲、好厨师、好主妇；想穿着体面的服装，在社交场合和政治场合大出风头；想做个贤妻，却又渴望婚外情；还想从事自己喜欢的创造性工作。最终，她注定会失败，无论她的潜能有多大，她都不可能实现这些目标，只会浪费掉自己的精力。

更常见的是，相互矛盾的动机阻碍了对某个目标的追求，导致无法实现这一目标。一个人希望结交好友，同时又喜欢支配别人，这就导致他的想法很难实现。一个人希望子女出类拔萃，但他对家长特权的渴望和他的刚愎自用使他无法实现这个愿望。一个人想写书，但每当卡壳就会感到头痛或疲惫。从这个案例来看，患者依然是受到理想化意象的影响，他自认为才华横溢，因此，一旦无法做到文思泉涌，他就会对自己大动肝火。在会议上，如果他想要提出一个有价值的观点，而别人想要提出的观点和他相同，那么他就必须让自己的表达语惊四座，把别人比下去，并且得到所有人的肯定和赞同。同时，由于他外化了自己的自卑，因此他又担心被人嘲笑。结果，这就导致他思维能力的丧失，即使他有过好点子，但也只是想想而已。还有一种人，他原本有潜力成为优秀的组织者，但他的施虐倾向使他与身边所有人形成对立。其实，我们只要观察一下自己或者周围的人，就会发现很多这样的例子。

尽管患者的思维方向不明确，但还是有一个非常明显的例外现象。神经症患者有时会表现出一种惊人的专一性：男性患者可能会为了实现野心而不惜放弃一切，甚至是自己的尊严；女性患者可能会为了爱情牺牲所有；父母可能把全部希望都寄托在孩子身上。这样的患者看似专一，但就像我们曾经说过的，他们所追求的其实只是一种幻象，而他们却以为这种幻象能够解决自己的冲突。事实上，这种专一源于绝望，而非人格的统一。

消耗和浪费精力的不仅是相互冲突的需要和倾向，还包括患者防护结构中的其他因素。患者的一部分人格因为对基本冲突的某些部分的抑制而被掩盖。但这些部分依然具有足以对患者形成干扰的活跃度，即使它们完全没有建设性作用。这样一来，压抑的结果只能是损耗精力，而这些精力原本可以用于培养自信、建立合作关系以及构建良好的人际关系等方面。此外，还有另一个因素，即疏离自我导致的主动性丧失。虽然他可以做好自己的工作，即使面对外界的压力也能努力进取，可一旦需要他独立做事时，他便不知所措了。这就意味着，他在业余时间里不会有任何建树，也无法感受到任何乐趣，可以说，他的创造力全都被浪费掉了。

在多数情况下，各种因素结合起来，对患者的人格造成大范围的弥漫性压抑。我们要想理解并消除某种压抑，就必须反复研究这种压抑，从我们已经探讨过的各个角度对其进行处理。

精力的浪费或耗损可能以三种主要的失调为根源，这三种失调都证明了未解决的冲突的存在。其一是犹疑不决。它可以在任何事情中体现出来,无论是小事还是大事,患者始终拿不定主意,比如,是吃这道菜还是吃那道菜?是买这个箱子还是买那个箱子?是看电影还是听广播?选哪一种职业?任职后如何发展?两个女人选哪一个更好?到底该不该离婚?继续活下去还是一死了之?如果他必须做出选择,而且一旦选择了就无法更改,那么他便会无比恐慌,身心疲惫。

虽然这种犹疑不决有着明显的表现,但由于人们总是下意识地尽量避免做决定,因此他们往往意识不到这一点。他们总是将问题一再拖延,或是有意回避那些必须做出决定的场合;他们总是坐失良机,或者把决定权拱手相让给别人;他们也可能把问题复杂化,从而使做决定变得毫无必要。患者往往也意识不到由此导致的盲目状态。由于患者总会用多种无意识的手段来掩盖自己的犹疑,因此他们几乎不会向分析师诉说这方面的症状,然而,这种障碍其实非常普遍。

精力被分散的第二个典型症状就是普遍性的效率低下。在这里,我所说的并非缺乏某种特定领域的能力,那可能是因为缺乏兴趣或专门训练所导致的;也并非尚未被开发的能力,即威廉·詹姆斯在其论文中所描述的那样。

他指出，如果一个人不顾劳累或外部压力，依然坚持不懈、不屈不挠，那么他便会爆发出巨大的潜能。我所说的效率低下，是因为一个人的最大能力受内心冲突所限而无法得到施展。就像他要启动车子，却又脚踩刹车，这样一来，车子当然无法启动。他的确如此，从他的能力或任务的难度来看，他本不应该如此低效率。其实，不是他不努力，恰恰相反，他无论做什么都会花费大量的精力。比如，哪怕只是完成一份简单的报告，或者掌握一个简单的操作动作，他都要花掉几个小时的时间。当然，导致低效率的原因可能是多方面的，比如，他可能会无意识地抗拒那些让他有压迫感的东西；他可能会刻意追求细节的完美；他可能会对自己感到不满——就像前面的案例所描述的那样，他会责怪自己没有从一开始就大显身手。效率低下不仅表现为做事慢吞吞，还表现为笨手笨脚或健忘。如果一位女仆或家庭主妇自认为很有才干，觉得让她做家务太屈才了，那么她就不可能做好自己的工作，而且，她不仅会在做家务时效率低下，甚至做任何事情都会效率低下。这会让她在主观上感受到巨大的压力，结果必然导致疲惫不堪，需要更多的休息时间。这样一来，患者无论做什么都要加倍付出努力，犹如刹车被踩住的车子一样难以启动。

内在的压力和效率低下不仅会在工作中有所体现，而且会明显地体现于人际关系中。如果一个人既想与人搞好关系，又觉得这样做无异于讨好别人，那么他便会在与人交往时显得很做作；如果他希望别人送他某个东西，但又觉得应该强行索取才好，那么他的举止就会显得非常粗鲁；如果他既想坚持自己的主张，又想迎合别人的观点，那么他就会犹豫不决；如果他既想接近别人，又担心被拒绝，那么他就会显得很羞涩；如果他既想建立性关系，又想让伴侣受挫，那么他就会表现得很冷漠，等等。由此可见，冲突的覆盖面越广泛，生活压力也就越大。

对于这些内在的压力，有些患者是能够意识到的，但一般都是在特定的条件下，比如，当压力变大时，他们才会有所感知。或者，当他们偶尔感到轻松自在时，经过对比，也会意识到压力的存在。对于因此造成的疲惫感，他们往往会从其他方面找原因，比如，身体不健康、工作量太大、睡眠不足，等等。虽然这些因素的确都会导致疲惫感，但它们并不是主要原因。

第三个典型症状是普遍性怠惰。有这种症状的患者经常以懒惰自责，但事实上，他们并非真的觉得自己懒惰。

他们可能会有意识地抵触任何努力,而且会自我辩解,使这种观点合理化,在他们看来,做任何事情,只要在宏观上把握好就行了,至于具体细节可以交给别人去干,换句话说,任务还是要由其他人来完成。对努力的抵触也可以表现为一种恐惧,即担心努力只会伤害自己。这种恐惧不难理解,毕竟患者很容易感到疲惫。如果分析师看到的只是疲惫的表象,那么他的建议反而会使患者感到更加疲惫。

神经症性质的怠惰说明患者的主动性和行动力都已丧失。这种状况往往源于过度的自我疏离和目标方向的缺失。患者由于长期处于紧张状态,并对自己的努力感到不满,因此总是萎靡不振,尽管偶尔也会有激烈的表现。至于致病因素,其中影响力最大的当属患者的理想化意象和施虐倾向。事实证明,无论做什么事情,不付出努力是不行的,这会使神经症患者意识到自己与理想化意象之间的差距,而自己不过是平庸之辈,因此,他宁可不做任何事,只幻想自己的出色表现。与理想化意象相伴的自卑感必定进一步侵蚀他的自信,让他觉得自己无法胜任一切有价值的事情,从而埋没了行动能够带来的刺激感和愉悦感。施虐倾向——尤其是当其被压抑时(表现为施虐倾向的倒错)——会使患者走向另一个极端,对一切带有攻击性的事物都采取回避的态度,从而导致程度不等的精神障碍。普遍性怠惰的作用尤为重要,因为患者的行动和情绪都会因此受到影响。未解决的冲突将无休止地浪费患者的精力。神经症在本质上是特定文化的产物,因此,这种对人类天赋和品质的毒害便是对相应的文化背景的控诉。

未解决的冲突会让人在生活中精力分散,还会导致价值观的分裂,其中涉及道德原则,以及对人际关系和自身发展造成影响的那些情绪、态度和行为。我们已经知道,精力分散会造成浪费,同理,道德标准的不统一,也会整体性地损害道德,即损害道德诚信。这种损害源于患者矛盾的价值观及其掩饰矛盾本质的企图。

相互矛盾的道德观也可存在于基本冲突中。尽管患者竭尽全力试图协调它们,但它们依然会给患者带来负面影响。这说明患者并没有真的接受任何一种道德观。理想化意象虽然也包含了真实的理想,但它本质上依然是虚假的,对于患者本人或缺乏经验的观察者来说,辨别真实理想与理想化意象就像辨别真钞和假钞一样困难。患者可能真的相信自己正在努力实现理想,因此对自己的任何过错都会进行严厉谴责,给人留下一种为达标准精益求精的印象；或者，患者也可能在思考或谈论价值观和理想时陷入自我陶醉。我所说的他并没有真的接受自己的理想，意思是那些理想并没有给他的生活带来动力。只有当他觉得理想很容易达成或很有实用价值时，他才会付诸行动，否则就置若罔闻。类似的案例在我们讨论盲点和切割作用时已经列举过了，而那些对理想严肃认真的人则很少出现这种情况，他们不会轻易放弃真正的理想，然而，神经症患者虽然自诩热爱某项事业，却很容易在诱惑面前反戈一击。

总之，道德诚信一旦受损，就会导致真诚减少、私欲膨胀。值得注意的是，日本的一些禅宗著作也认为真诚的人都是内心完整的，这与我们在临床观察时所得出的结论是一致的，即内心分裂的人无法做到完全的真诚。

弟子：我听说狮子总会竭尽全力追赶猎物，无论对方是野兔还是大象，您可否告诉我，这是怎样一种力量呢？

师父：这是真诚的精神，也就是不欺之力。

真诚就是不欺，即"不遗余力"，也被称作"全身心投入"……这意味着没有任何保留，没有任何伪装，没有任何浪费。能这样生活的人，便如同金毛雄狮一般；他就是强健、真诚和内心完整的象征；这样的人便是圣人。

私欲膨胀属于道德问题，它使人只关注个人利益。在患者看来，自己享有的权利，别人不能享有，别人只是他用来达到自己目的的工具。讨好别人，目的是缓解自己的焦虑；感动别人，目的是提高自己的尊严；批评别人，是因为自己不愿承担责任；挫败别人，是因为自己需要成功，等等。

这些损害因为个体的不同而表现各异，其中的大部分我在其他地方已经讲过，在此只做系统的回顾，因为详细论述非常困难。关于施虐倾向，我们尚未探讨，因为它属于神经症发展的最后阶段，所以我们放到后面再谈。我们将从最明显的表现入手，因为无论神经症是怎样发展的，其中总会包含无意识的假象这一关键因素。接下来，我们就来看看它的具体表现。

虚伪的爱。"爱"有很多的内涵，其中既有感觉，也有渴望，还有主观上认为是爱的感受，其涉及面很广。当一个人认为自己非常懦弱、非常空虚、无法独立生活时，他便会觉得对依赖他人的渴望也是一种爱。对于有攻击性的人来说，想要利用伴侣获得成功、声望和权力也是爱的表现。这种虚伪的爱还会表现为渴望征服或战胜某个人；或者把自己融入对方，通过对方来实现自己的生活目标；或者通过虐待对方来达到这一目的；或者渴望得到他人的赞美，从而使自己的理想化意象得到肯定。正是由于这些因素的影响，在我们的文化背景下，爱已经不再是一种真正的情感，而充斥着背叛和虐待，于是，爱给我们留下了轻蔑、憎恶或冷酷的印象。然而，真正的爱不可能那么容易变质。其实，导致虚伪的爱的感觉和倾向终会暴露出真面目。毫无疑问，无论在亲子关系中、朋友关系中，还是在两性关系中，都存在着这种虚伪的爱。

虚伪的善良。无私、同情等品质也与虚伪的爱非常相似。顺从型患者具有这一特点，加上他所特有的理想化意象，以及对攻击性的抑制，这种虚伪便更加严重了。

虚伪的兴趣和知识。那些疏离自己的情感，认为只用理智便可掌控生活的人尤其具有这一特点。他们假装自己兴趣广泛、无所不知。但另一类人也具有这一特点，只是隐藏得更深。这类人看似事业心很强，但却没有意识到，自己只是以此为跳板，目的是为了获得成功、权力和物质利益。

虚伪的诚实和公正。这一特点在攻击型患者身上比较常见，特别是那些施虐倾向比较明显的人。他能看穿别人虚伪的爱和善良，便觉得自己是个真诚的人，因为自己没有伪善的坏习气，从不假装慷慨、爱国、孝顺等。事实上,他也是伪善的。他抵触主流的偏见,可能恰恰是因为他盲目否定传统价值观;他总是说"不",可能并不是因为他真的强大,而是因为他渴望挫败别人;他的真诚可能只是想对别人加以嘲弄和羞辱;他所自诩的公正,可能只是掩盖了利用他人达到个人目的的企图。

虚伪的痛苦。这种虚伪需要我们详细探讨,因为其中有很多观点令人困惑。信守弗洛伊德理论的分析师认为神经症患者需要被虐待,需要忧虑,需要受惩罚,这种观点无异于外行人。他们用来支持这一观点的资料是众所周知的。然而,"需要"这个术语其实包含了很多理性的罪过。持上述观点的人并没有意识到,神经症患者遭受的痛苦早已超出了他们所知的范围,而且,他们往往在开始康复时,才会逐渐对这些痛苦有所认识。准确地讲,持上述观点的人似乎并不理解,未解决的冲突必然会导致痛苦,患者本人也无能为力。如果一位患者选择让自己的人格崩溃,显然是因为他受到了内心需要的强迫性驱使,而非甘愿受到伤害。如果他看似谦卑大度,被人打了左脸之后会下意识地把右脸也凑过去,他至少会反感自己这样做,并因此而鄙视自己,然而,他太过恐惧自己的攻击倾向,所以强迫自己陷入另一个极端,即接受别人的虐待。

嗜好痛苦的另一个特点便是夸大自己的痛苦。的确，患者有可能是有目的地感受到痛苦并将其表现出来：或者是为了获得关注或谅解，或者是下意识地以此来达到个人目的，或者是以此来消除对报复欲望的压抑。然而，根据神经症患者内心的情感和认知情况来看，我们只能认为这只是他用来达到某些目的的唯一途径。另一个事实是，他总是用一些没有说服力的理由来解释自己的痛苦，让人感觉他似乎很无辜。即便有时候他或许会认为是自己的"过失"导致了苦恼，并因此而郁闷不已，但事实上，他之所以痛苦，仅仅是因为他没有达到自己的理想化意象。或者，当他因为与恋人分手而感到失落时，虽然在他看来这是由于自己爱得太深，但事实上，这只不过是由于他无法忍受独立生活。最后，他可能会对情感进行扭曲，当他愤怒时，他会以为自己是在忍受痛苦的煎熬。比如，一个女人因为没有收到爱人的来信而感到痛苦，但事实上，她只是在生爱人的气，因为事情没有按照她的心意发展，或者爱人的丝毫冷落都会让她有受辱感。从这个案例来看，她不肯认识到自己的愤怒，也不肯认识到导致这种愤怒的神经症内驱力，而宁愿把自己的感受视为痛苦，并且不断强调这种痛苦，以便掩饰自己在整个关系中的虚伪。从以上这些案例来看，任何一位神经症患者都并非真的想要受苦，而只是无意识地伪装成痛苦。

还有一种更为隐蔽的特定损害，即无意识的自负。这里指的是，患者把自己并不具备或很少具备的品质，视为自己完全具备的品质，并基于这种认识无意识地觉得自己有权苛责和蔑视别人。所有神经症性质的自负都是无意识的，因为患者意识不到自己的要求是不合理的。在这里，我所区分的并不是有意识的自负与无意识的自负，而是显而易见的自负与过度谦卑掩饰下的自负；它们之间的区别并不在于自负的程度，而在于患者表现出多少攻击性。显而易见的自负表现为公然索要特权；而过度谦卑掩饰下的自负则表现为，如果别人没有主动向他奉上特权，那么他便会有受伤感。这两种自负都缺少实际意义上的谦卑，即不仅在口头上，而且发自内心地认为人无完人，特别是自己也同样如此。以我的经验来看，没有患者愿意听到别人指出他的缺点，他自己也不愿意思考这个问题，尤其是那些具有潜在自负倾向的患者。他宁愿苛责自己粗心大意，也不愿像基督徒圣·保罗那样承认"我知道的非常有限"；他宁愿苛责自己缺乏耐心和细心，也不愿承认自己不可能始终保持良好的状态。潜在的自负有个最常见的表现,即在自责(以及随之而来的歉意)与内心的恼怒(不满于外界的批评或冷落)之间出现明显的矛盾。分析师往往要经过密切的观察才会发现患者的这些受伤感,因为过度谦卑的人很可能掩饰这种感觉。但事实上,他或许和公然自负的人一样,在对待别人时非常苛刻,在批评别人时毫不留情。虽然他表面上贬低自己、抬高别人,但心中却暗自希望别人像他一样完美,由此可见,他根本无法真正尊重别人的独特个性。

还有一个道德问题,即立场不明以及由此导致的不可靠性。神经症患者往往无法客观看待一个人、一种观点或一件事,而只是依照自己的情感需要来决定立场。然而这些情感需要往往都是相互矛盾的,因此他的立场很容易发生改变。所以,大部分神经症患者就像无意识地被喜好、声望、权力和"自由"收买了一样,总是处于摇摆不定的状态。这一点在他的一切人际关系中都有体现,无论是与个体的关系,还是与群体的关系。患者总是无法说出自己对别人的感受或看法。他的观点很容易受到流言蜚语的干扰。他的"友谊"非常脆弱,稍有失望或受到轻视,或仅仅是他自以为受到轻视,就足以让他与朋友决裂。一点小困难就足以浇灭他的热情。他的宗教信仰、政治立场或科学观也会因个人恩怨而发生改变。在私人聊天时，他或许立场鲜明，但只要权威或团体稍微施加一点压力，就足以使他改变立场，至于为什么改变，他自己也说不清，甚至他根本没有意识到自己的立场已经发生了改变。

神经症患者会无意识地避免明显的摇摆不定，其方法是不在第一时间发表意见，或者持观望态度，给自己的最终选择留出余地。他或许会以情况复杂为理由来合理化自己的态度，或者被一种强迫性的"公正"感所支配。真正的追求公正无疑是可贵的品质。此外，人们往往的确会因为追求公正而难以决定立场。然而，公正也可能是理想化意象的一个强迫性属性，它使对立场的选择变得不再重要，并且还让人感觉自己因摆脱了偏见之争而显得超然世外。在这种情况下，患者会倾向于平等对待双方的观点，认为它们之间并不存在矛盾，或者双方都有可取之处。这种客观性是虚伪的，它使患者无法透过现象看到问题的本质。

在不同类型的神经症中，这种表现也极为不同。孤立型患者会表现出最大程度的公正，他们远远避开纠缠不清的病态竞争和亲密关系，很难被"爱"或欲望收买。同时，由于他们总是以旁观者的姿态面对生活，因此往往能够做出比较客观的判断。但并不是每个孤立型患者都有自己的立场，他可能非常厌烦争论或表态，甚至自己心里也没有明确的观点。他要么含糊其辞，要么随大流，而自己的观点则是空白。

与此相反的是，对抗型患者似乎推翻了我关于神经症患者没有自己立场的观点，特别是当他坚持认为自己绝对正确时，他仿佛具有超乎常人的魄力来维护和坚守自己的观点。但这只不过是一种假象。这类患者并不是真的确信自己的观点，而仅仅是因为他一贯固执己见。通过固执己见，他能够打消心中的一切疑虑，因此他的观点总是生硬而盲目。此外，在权力或成就的诱惑下，他可能会改变自己的立场。他对支配地位和声望的渴望，在极大程度上限制了他的可靠性。

神经症患者对待责任的态度或许令人不解，究其原因，部分在于"责任"所包含的意思不止一种。它或许意味着尽心尽力地完成义务。从这层意义上来看，神经症患者特定的性格结构决定了他能否尽责，对于这一点，不同的神经症类型有着不同的表现。对某些神经症患者来说，责任或许意味着只要自己的行为会对他人产生影响，就要对自己的行为负责，但这也可能是用来掩饰支配欲的委婉说法。还有一些患者认为尽责就意味着要忍受批评，但这或许只是因为自己达不到理想化意象的要求而产生的愤怒情绪。所以，这样的"责任"与真正的责任没有任何关系。

如果我们能够明白"对自己负责"的含义，那么就会发现，神经症患者即使能够承担责任，真正实施起来也是很困难的。首先，他需要原原本本地向自己以及他人承认他有什么意图、说了什么话、做了什么事，并且甘愿承担后果。这与撒谎或推卸责任截然相反。从这个意义上讲，神经症患者很难对自己负责，因为他往往并不知道自己在做些什么、为什么要这样做，甚至在主观上也不想知道。这就导致他总是竭力逃避责任，以矢口否认、遗忘、不屑或其他方式，声称自己遭到了误解，或者是一时大意。由于他总是觉得错误不在自己，或者倾向于让自己置身事外，因此，他很容易认为自己所面临的困扰是妻子、同事或分析师的责任。此外，潜在的全能感也会使他无法为自己的行为负责，甚至无法看到行为的后果。基于这种全能感，他以为自己可以想做什么就做什么，而且无须负责。一旦他意识到后果不可避免时，这种感觉就会崩溃。最后，还有一个因素，看似是一种缺乏因果逻辑的思维缺陷。患者往往让人感觉他的思维中只有"错误"和"惩罚"这两个词,当分析师让患者面对自己的冲突和后果时,几乎所有患者都会认为分析师是在责怪自己。在分析治疗之外,他觉得自己总是被人当作罪犯,总是受到怀疑和攻击,所以,他随时都保持着戒备。事实上,他只是外化了自己的内心活动。正如我们已经看到的,是他的理想化意象导致他觉得别人怀疑他、攻击他。他的敏感、戒备,加上这些内心活动的外化,使他难以运用因果逻辑考虑与自己有关的问题。然而,当考虑与自己无关的问题时,他就可以像正常人一样实事求是。比如,看见雨水打湿了街道,他就能够接受这种偶然的关联,而不去追究这是谁的过错。

为自己负责的另一层含义,便是捍卫自认为正确的东西,并且在行为或决策被证明是错误时甘愿承担后果。然而,一个被内心冲突分裂的人很难做到这一点。他不知道哪一种内心的冲突倾向是自己应该捍卫或者能够捍卫的,如果其中并没有他真正想要或者坚信的东西,那么他就只能捍卫自己的理想化意象,并且不允许自己出现任何差错,所以,当他的行动或决策出错时,他就必须让别人来承担责任,以维持自己永远正确的假象。

为了说明这个问题，我们来举一个简单的案例。某团体的一位领导热衷于权力和威望，希望这个团体离了他就运转不了；即使有其他人具有专业技能，可以把事务处理得更好，他也不愿拱手让出自己的权力；他自认为各方面都比别人强，并且不希望其他人觉得他们在团体中有着重要地位，或者真的变得非常重要；在他看来，他之所以无法达到对自己的要求，仅仅是因为忙不过来。然而，他不仅有支配别人的倾向，还有顺从别人的倾向，希望自己是个大善人。这些未解决的冲突导致他具有我们描述过的所有症状：怠惰、嗜睡、犹疑不决、拖沓，因此，他根本无法把自己的时间安排好。再加上守约会给他带来受强迫的感觉，所以当别人等待他时，他的内心其实是很享受的。此外，为了满足虚荣心，他还做了很多可有可无的事。最后，他还非常想成为一位模范丈夫，并为此耗费了大量的精力和时间。这样一来，他自然无法在团体中发挥出自己的能力，但由于他无法察觉到自己的问题，便因此将责任推给别人或外界。

我们需要再次追问，他能对其人格中的哪一部分负责呢？是他的支配倾向，还是他的顺从倾向？首先，对于这两种倾向，他都毫无感知。但即使他能够感知到，也无法做出取舍，因为这两者都具有强迫性。此外，在理想化意象的妨碍下，他根本无法看清自己，只会自认为具有理想化的优点和超强的能力。所以，他自然无法对冲突所导致的后果负责，因为那只会暴露出他处心积虑想要掩饰的东西。

通常而言，神经症患者最不愿意（无意识的）对自己的行为后果负责，而且，即使后果显而易见，他也置若罔闻。他坚信（同样是无意识的）自己的能力足以解决自己的冲突。在他看来，自己绝不会出现关系到后果的问题，那是别人才需要考虑的事，因此，他始终刻意地避免认识因果关系。其实，因果关系简单明了地展现了他生活方式中的错误，他原本可以从中受益匪浅。要知道，精神生活中的规律也会对肉体起到制约作用，而无论有多少无意识的狡诈和策略，也无法改变这些规律。（注释：参见林语堂的《啼笑皆非》。在《成绩》一篇中，他说自己愤慨于西方文明居然如此无法理解这些精神法则。）

事实上，关于责任的话题根本无法引起神经症患者的兴趣。在他看来，责任只有消极的一面。然而，回避责任只会让他无法实现对独立的追求，或许他起初无法认识到这一点，只能在后期逐渐有所领悟。他以为独立就意味着拒不承担责任,但事实上,一个人要想真正获得内心的自由,就必须承担责任,并对自己负责。

为了避免承认自己的问题和痛苦源于内心冲突,神经症患者会使用以下三种手段中的一种,更常见的是三种手段一起使用。他会充分运用外化这种手段,在他看来,包括饮食、天气、健康、父母、妻子、命运在内的任何事物都可以是苦难的原因。或者,他会认为上天不公,明明自己没有做错任何事,却要承受飞来横祸。对他来说,患病、感冒、死亡、婚姻破裂、子女不健康、工作不被认可等,都是因为上天不公。这种想法无论是有意识的还是无意识的,都犯了双重的错误,因为他不仅没有考虑自己应负的责任,而且没有考虑那些他决定不了但会对他的生活产生影响的因素。然而,这种想法自有一套逻辑。这是孤立型患者的典型想法,他的眼里只有自己,这种以自我为中心的态度使他无法把自己当作整个系统中的一个环节。他只是认为自己有权在特定的时间和特定的条件下获得一切好处,而不愿把自己与别人联系起来,无论联系的结果是好是坏。因此他非常疑惑:明明自己没有受到任何牵连,为什么还是无法免于受苦?

第三种手段就是拒不承认因果关系。在他看来,事情的结果都是独立的事件，与自己无关，也与问题本身无关。比如，当他感到抑郁或恐惧时，他会认为这种感觉是从天而降。当然，原因可能在于他缺乏心理学方面的知识，或者他对自己缺少观察。但在分析中，我们会发现，患者对任何可能的联系都会固执地矢口否认。对于那些因果关系，他要么提出质疑，要么置之不理。或者，他可能觉得分析师并没有帮助他解决麻烦（这是他求医的原因），而只是在怪罪他，以便狡猾地维护自己的面子。所以，患者对引发怠惰的原因或许已经有所意识，但拒不正视怠惰的影响：他的怠惰不仅耽误了分析治疗的进度，也耽误了他所做的每一件事。或者，患者可能已经对自己的攻击性倾向有所意识，但却无法理解自己为什么总是与人争吵，为什么别人不喜欢自己。他把内心的冲突与冲突对生活造成的影响割裂开来，觉得心里的烦恼和现实生活中的问题是毫无关联的两件事，这便导致了切割化倾向。

多数情况下，患者不愿面对自己的倾向及其后果，把它们深藏于心底，因此分析师很容易将其忽略，毕竟在分析师看来，这种联系是显而易见的。我们应该避免这种失误，因为假如患者始终意识不到自己对后果的熟视无睹，也不清楚自己为什么会这样做，那么患者就无法理解这会给他的生活造成多大的影响。在分析治疗中，让患者对后果有所认识能够带来最好的疗效，因为患者会由此意识到，要想获得自由，就必须对内心的某些东西加以改造。

假如神经症患者对自己的虚伪、自负、自私和逃避责任都无法负责，那么我们还有必要谈论道德问题吗？可能有人认为，患者的道德问题不属于分析师的工作范畴，分析师只要关注患者的症状，提出治疗方案就好了。还有人认为，弗洛伊德的伟大成就之一便是摒弃了"道德说教"，然而，道德观恰恰是我所重视的。

这种非道德观被冠以科学的态度，它果真经得起检验吗？关于人的行为问题，我们真的可以不再进行是非的判断吗？分析师不正是根据他们有意拒绝承认的道德判断来决定需要分析什么、不需要分析什么吗？但这些潜在的判断中却有一种危险，即它们要么过于主观，要么过于传统。因此，分析师可能会认为，男人生活不检点是正常的，无须进行分析，而女人出现这样的问题就必须严肃对待；或者，他可能认为，无论男女，生活不检点都是正常的，反倒是忠诚的表现值得分析。事实上，分析师应该根据患者具体的神经症类型做出判断。尤其需要关注的是，患者的态度对他自身的成长以及他的人际关系是否产生了负面影响。如果答案是肯定的，那么就说明这种态度是错误的，应该予以纠正。分析师要将结论的根据对患者讲清楚，这样才能让患者自己决定是否配合治疗。

最后，上述分析师的观点难道不是与患者的思维方式犯了同样的错误吗？两者都把道德视为判断上的问题，而忽略了它会导致一定的后果这一事实。我们以神经症性质的自负为例来解释这个问题。这是一个既定的事实，无论患者是否应该为此承担责任。在分析师看来，患者应认识并最终克服自负。然而，分析师之所以持这样的观点，不正是因为从小就在主日学校里学到了"自负是罪过，谦逊是美德"这一观念吗？或者，他判断的依据，是认为自负是与实际相悖的，并且会导致不良后果，而无论患者是否应该为此承担责任，他本人都必须承担一切后果。从这个案例来看，自负会导致患者无法正确地认识自己，从而对他的成长造成阻碍。此外，自负的人无法公正地对待他人，而这一点又会反过来影响他本人，这就导致他时常与人发生争执，并且还会与人疏远，最终使他在神经症中越陷越深。由于患者的道德观一部分源于神经症，一部分又被用以维持神经症，因此，分析师除了关注患者的道德观以外，没有其他选择。

第十一章
绝望

虽然神经症患者存在着内心冲突,但有时,他们也会满足于自己喜欢的事情。但要想获得满足,还有依赖于很多条件,因此这种满足感并不多见。比如,只有当他独处时,或者和别人在一起时,或者他居于主导地位时,或者被众人认可时,他才会有满足感。由于这种满足感所需的条件往往是相互矛盾的,因此他获得满足的机会又少了很多。比如,一个人或许接受别人的指挥,但同时又心有不甘。再比如,一位妻子为丈夫的成功感到高兴,但同时又心怀嫉妒。再比如,一位女性想举办一次宴会,但在做准备时,她事事追求完美,以至于宴会还没开始,她就已经累倒了。神经症患者即使拥有了暂时的满足感,他的各种弱点和恐惧也会对这种满足感造成干扰。

另外，在神经症患者眼中，生活中常见的小意外也如同大难临头一般。哪怕是一次小小的失败，也会让他变得抑郁，因为他觉得任何失败都意味着他是无能的，即使失败是不可避免的。当别人批评他时，即使批评得毫无恶意，他也会感到焦虑和担忧。最终，他变得越发痛苦和失望。

这种局面已经很糟糕了，然而在另一个因素的干扰下，它还会进一步恶化。显然，人们只要心怀希望，就能忍受巨大的痛苦，但神经症冲突的相互纠葛必然会使患者产生绝望感，绝望的程度取决于冲突的严重程度。这种绝望感或许深藏在患者的心底。表面看来，患者在严格按照想象和计划行事，他以为这样一来事情就会获得良性发展。男性患者会想，只要结了婚，有了妻子，就能住进大房子，换一位好领导；而女性患者会想，如果自己是个男人，再年轻一些或年长一些，身材再高大一些或矮小一些，那么一切都会好起来。有时候，某些令他们不安的因素的消失，的确对他们有一定的帮助，但多数情况下，他们的这些期望只不过是内心矛盾的外化而已，因此只会让他们的绝望感加重。神经症患者希望外部环境的改变能够带来一个更好的世界，然而他们却没有意识到，他们的神经症会原原本本地跟随他们一起进入新环境中。

由于年轻人更愿意将希望寄托于外部因素,因此,针对年轻患者的分析治疗要比预想的困难。随着年龄的增长,希望一个接一个地破灭,他们便逐渐变得愿意从自身寻找不幸的原因。

即使绝望感是无意识的,我们依然可以根据患者的各种症状推断出它的存在和强度。从患者的生活经历来看,他有时对失望的反应非常强烈,持续时间也很长,远远超出正常的程度。所以,患者的彻底绝望或许源于青少年时代的失恋经历、被朋友背叛的经历、被无理辞退的经历,或考试落榜的经历,等等。当然,这种强烈的反应有其特殊原因,但除了挖掘这些特殊原因之外,我们还要看到不幸的经历本身所引发的绝望感。同样,如果患者一心求死或总是想自杀,那么即使他们表现得很乐观,也说明他们具有普遍性的绝望感,无论他们是否真的会把自己置于死地。在分析中和分析以外,绝望感的表现之一便是以轻浮、不认真的态度对待所有事情。还有一种表现便是没有勇气面对困难。这种绝望感体现了弗洛伊德所说的"负面分析反应"中的大部分特质。虽然深度剖析问题必然会带来痛苦,但也会为患者指明一条出路。然而,患者却很有可能在这个过程中丧失信心，并且没有勇气面对新的问题。这种情况有时看似是患者对自己克服困难的能力缺乏信心，但事实上，这是因为患者对能否从中受益持怀疑态度。所以，他自然会觉得这些新的认识只会给他带来伤害或恐惧，并因此抱怨分析师打破了他内心的安宁。此外，绝望感还有一种表现，即沉迷于对未来的猜想和预见中。患者表现出来的看似只是对生活的一般性焦虑，好像只不过是担心遭遇不幸、担心出错而已，但我们不难看到，患者对未来总是忧心忡忡，非常悲观。正如希腊神话中的预言女神卡珊德拉一样，很多患者设想的未来都是一片灰暗，鲜有光明。这意味着无论患者的行为有多么的理性，其心底可能深藏着绝望感，这一点尤其需要我们的关注。绝望感的最后一种表现就是慢性抑郁，它的特点是深藏不露，甚至让人看不出抑郁的迹象。被这种痛苦折磨的患者可能过着正常的生活，表面看起来很快乐，也拥有良好的人际关系，然而，每天早上，他们都要花几个小时说服自己振作起来面对新的一天。在他们看来，生活是永恒的负担，他们对此习以为常，所以少有怨言，但他们的精神状态却始终低迷。

　　虽然绝望的根源总是无意识的，但从一定程度上讲，绝望本身却是有意识的。患者可能不相信会有好事发生；或者对生活缺少热情和追求，认为生活就是忍耐；或者从哲学的角度自我安慰，认为生活有着悲剧性的本质，只有傻瓜才试图改变命运。

分析师一见到这种患者就能感觉到他的绝望。他不愿付出任何代价，不愿承担任何风险，不愿忍受任何不便，所以，旁人很容易觉得他非常任性。但实际上，既然他认为付出代价并不会给他带来好处，那么他自然觉得没有必要付出代价。这种态度也贯穿于他的日常生活中。他对所处的环境始终无法满意，但事实上，只要他稍微努力一点、积极一点，就能改善这种环境，可是，绝望感已经完全限制了他的行动力，在他眼里，微小的困难也会变成庞然大物。

有时候，别人无意间说出的一句话就会使患者的这种态度显现出来。当分析师说还有未解决的问题，需要进一步分析时，患者可能就会说："难道你不觉得这件事已经没有希望了吗？"当他意识到了自己的绝望感时，往往会觉得责任不在于自己，而在于外界，比如他的工作、婚姻，甚至是政治局势等，但具体或暂时性的环境因素不包括在内。他觉得自己根本没有希望做成任何事，没有希望获得幸福和自由，一切能够让生活变得美好的事情都与他无关。

或许，索伦·克尔凯郭尔已经给出了最深刻的解答。在《致死的疾病》一书中，他说，从根本上讲，所有的绝望都源于无法成为自己。关于"成为自己"的重要意义，以及无法达到这一目标会带来的绝望感，每个时代的哲学家都给予了充分的强调。这也是禅宗理论的一个基本主题。在这里，我想引用现代学者约翰·麦克马雷说过的一句话："有什么事情比彻底成为自己更重要呢？"

绝望是冲突导致的最终产物，其最根本的原因在于患者放弃了希望，任由自己的人格分裂下去。这种状况可由多种神经症导致。患者感觉自己就像关在笼子里的鸟，无法从冲突中挣脱出来。因此，为了摆脱冲突，他们做了各种尝试，然而最终都失败了，这不仅加剧了他们的自我疏离，而且一次次的挫折也让他们越发绝望。患者的尝试之所以总是失败，或者是因为他们的精力被过度分散，或者是因为每次的创造性工作都会出现困难，干扰他们的努力。这种状况甚至涉及恋爱、婚姻和友情等方面，导致一连串的失败，令患者心灰意冷，就像实验用的小白鼠，看到笼子外面有食物，便一次又一次地扑上去，可怎么都吃不到，因为它没有意识到自己与食物之间隔着笼子。

另外，还有一种绝望在笼罩着患者，那就是他无法成为理想化意象的那种形象。很难说这是不是导致绝望的所有原因中最重要的一个，但毋庸置疑的是，当患者在分析中逐渐意识到自己与理想化意象相去甚远时，便会表现出明显的绝望情绪。此时的绝望感一方面是由于与完美形象之间的差距，更重要的是由于这种绝望让他深感自卑，觉得自己的人生毫无希望，不敢再对爱情或工作抱有任何希冀。

最后，导致患者感到绝望的另一个原因，就是患者把关注的重心置于外部，而非自身，这样一来，他便丧失了生活的原动力，最终丧失了自信，丧失了作为健全人应有的信念，开始自暴自弃。这种态度可能不易被察觉，但其后果却很不妙，甚至可以称之为精神死亡。就像索伦·克尔凯郭尔说的那样："尽管他处于绝望之中……但他还是有能力……坚持生活——就像一个正常人那样，忙忙碌碌、结婚生子、获得声望，也获得尊重。或许谁都不会注意到他的内心世界——他已经丧失了自我。人们不会为这些小事烦恼，因为人们最容易忽略的就是自我。对一个人来说，最可怕的事情莫过于让他知道他有自我，而比这更可怕的就是自我的丧失。它总是发生得悄无声息，似乎什么也没有发生过；相比之下，其他一切损失，比如失去了一只胳膊、一条腿、五美元、一位妻子等，反而会引起很大的关注。"

通过观察，我发现，分析师经常会忽略绝望这个问题，所以往往也无法对其进行妥善的处理。我的一些同行受到患者的感染，也变得绝望起来，这恰恰就是由于他们没有把绝望当作问题来看待，即使他们已经意识到了患者的绝望情绪。这种态度必然会给分析工作带来负面影响，哪怕他的医疗手段再高明，付出的辛苦再多，患者依然会有一种被放弃的感觉。这种情况也存在于日常生活中。比如，一个人如果总是怀疑朋友的潜力，那么他必定无法为朋友提供建设性的帮助，甚至无法拥有真正的友谊。

我的同行有时还会犯与上述错误相反的错误，即无视患者的绝望情绪。他们觉得患者只是需要鼓励，于是便鼓励他们，当然，这样做是对的，但还远远不够。患者即使会感谢分析师的好意，也依然会心存不满，因为他们知道，仅仅用善意的鼓励根本无法消除他的绝望感。

为了把握问题的关键，并且对其进行直接的处理，我们首先必须根据上述的间接表现来认识到患者的绝望及其程度，然后还要理解，他的绝望感源于内心的纠葛。分析师必须认识到这一点，并且向患者讲明，他的神经症并非无可救药，除非他始终维持现状，并且坚信一切都无法改变。我们可以借用契诃夫的喜剧《樱桃园》中的一幕来说明这个问题：一个家庭面临破产，一想到即将告别自家可爱的樱桃园，他们的内心就倍感伤心和绝望。他们聘请的顾问建议他们在庄园里盖一些出租房。但他们因为观念保守，没有接受这个建议，只是任由自己沉浸在伤心和绝望中不可自拔。他们一边拒绝听取建议，一边绝望地抱怨自己得不到帮助。如果那位顾问是一名分析师，他会这样说："你们的境遇的确很困难，但真正使你们绝望的是你们对于这种境遇的态度。其实你们只要改变自己对生活的要求，这种困难便会得到解决。"

分析师能否敢于解决问题，能否相信自己可以解决问题，取决于分析师是否相信患者真能改变，真能解决自己的冲突。在这个问题上，我的观点与弗洛伊德存在着明显的不同。从本质上讲，弗洛伊德的心理学和哲学都是悲观的，他对人类未来的态度，以及对分析疗法的态度，明显体现出了这种悲观。可以说，他的理论基础决定了他只能悲观。在他看来，人受到本能的驱使，而要想改变本能，只有"升华"这一种方式；在社会生活中，人满足本能的欲望必定会遭遇挫折；他的"自我"永远徘徊在本能与"超我"之间，只能得到调节，而"超我"的抑制力和破坏力，使得真正的理想根本不存在；对个人完美的追求只是"自恋"；人的本性是破坏；"死亡本能"迫使人只能选择毁灭别人或自己受苦。从这些理论中，我们看不到有关积极的态度能给人带来改变的观点，他研究出的那种极具潜力的疗法的价值也因此受到了限制。与之相反，我认为，神经症中的强迫性倾向并非源于人的本能，而是源于人际关系的失调；只要人际关系得到改善，这些倾向自然会改变，由此导致的冲突也能得到解决。但我不敢保证我所倡导的分析方法毫无局限性。要想准确地界定这些局限，我们还有很多工作要做。但我认为，根本的改变是可能的，我们有充分的理由可以相信这一点。

那么，为何认识和解决患者的绝望感如此重要呢？首先，这种方法能够很好地解决抑郁、自杀等特殊问题。的确，在帮助患者消除抑郁时，我们只需要找到给患者造成痛苦的冲突，而无须触及他的普遍性绝望，就能达到目的。然而，由于这种绝望感是抑郁的深层根源，因此，要想防止抑郁反复发作，就必须触及这一根源。尤其对于慢性抑郁而言，只有找到这一根源，才能得到解决。

处理自杀倾向也是如此。我们已经清楚，绝望、轻视、报复等因素都会引发自杀冲动，但如果在冲动表现得非常明显的情况下再去阻止，显然为时已晚。如果患者最微妙的绝望倾向也能引起我们的注意，并且抓住有利时机与患者一起分析，找出解决的办法，就会避免很多自杀行为的出现。

患者的绝望感会对严重神经症的治疗造成阻碍，这一事实更具普遍性。弗洛伊德将阻碍患者好转的所有因素统称为"阻抗"，但绝望感显然不属于这一范畴。在分析中，我们必须对阻抗给予推力，也就是阻力与动力之间的相互作用进行研究。作为一个集合名词，阻抗指的是导致患者内心不愿改变现状的一切因素。而患者的动力则源于内心的一种建设性力量，这种动力能够让他更具活力来克服阻力，同时，分析师也可以借助这一过程更好地理解患者。它给患者以巨大的力量，帮助患者承受成长所带来的不可避免的痛苦；它让患者有勇气摒弃曾经给他带来安全感的态度，并且愿意以新的态度对待自己和他人。完成这个过程需要患者自己的意愿，而不能由分析师来强迫。正是由于绝望感阻碍了患者的这种宝贵力量，因此，如果分析师没有认识到这种力量并进行引导，那么在与患者的神经症做斗争的过程中，分析师就无异于失去了最大的助力。

试图用简单的解释来解决患者的绝望感是行不通的。如果患者不再觉得一切都是命中注定、不可改变的，而是开始意识到绝望虽然是个问题，但最终可以得到解决，那么就说明我们已经取得了实质性的进展。只要做到了这一步，患者就会继续向前迈进。当然，此后肯定还会出现反复，比如，当患者有所觉悟时，他可能会乐观起来，甚至过于乐观，可一旦遇到更大的困难，他就会再次感到绝望。虽然每一次的反复都要重新面对问题，但绝望的负面影响会逐渐减轻，因为患者已经知道他是可以改变的。这样一来，他便会越发有动力。在分析治疗的初始阶段，他的动力或许仅仅是想要摆脱不安的症状，但随着患者对自己所受的束缚有了更加清晰的认识，并且体会到了自由的感觉，他的动力也会逐渐变得更加强大。

第十二章
施虐倾向

当一个人被神经症所掌控时,他总会设法运用各种方式"坚持"住。假如他们的创造力尚未被严重破坏,他们或许可以坚持忍受下去,而且会专心致志于某件事,以期有所收获。他们可能专注于某些社会活动或宗教活动,或是投身于某项团体工作。他们或许对这些工作并没有多大的热情,但这并没有影响工作本身,他们的付出仍然是有价值的。

还有一些人,当他们想要适应某种生活方式时,便不再对这种生活方式持怀疑态度,但也不会认为它有什么意义,他只是想尽自己的义务罢了。在小说《时间太少》中,作者约翰·马昆德就描述了这样的生活。在我看来,埃利希·弗洛姆所描述的"匮乏"状态也是如此,他觉得这种状态并不等同于神经症。但我认为，这种状态恰恰源于神经症。

我们再来看另外一些人，他们或许会放弃所有值得认真对待的或者有前途的追求，将自己边缘化，并试图从中觅得一丁点快乐；或者在吃喝玩乐、拈花惹草中寻求偶然的快乐；或者混日子，逐渐堕落，最终崩溃。由于无法进行持续性的工作，因此他们只能借花天酒地来刺激自己。查尔斯·杰克森在《失去的周末》中对酗酒成瘾的描述就体现了这种状态最严重的阶段。说到这里，我们可以考虑一下这种可能性：患者在无意识中使自己人格分裂，这是否会从精神上促进肺结核、癌症等慢性病的发生？

最后，那些绝望的患者会表现出破坏性，同时又试图以代偿性生活进行弥补。我认为，这就是施虐倾向的心理机制。

在弗洛伊德看来，施虐倾向是人的本能，因此，他将施虐倒错视为精神分析的研究重点。分析师们虽然并没有无视日常人际关系中的施虐模式，但也没有对其进行严格的定义，在他们看来，一切专横或攻击性的行为都是对施虐本能的修正或升华。比如，在弗洛伊德看来，争夺权力就是一种升华。的确，在权力欲望的驱使下，施虐倾向很有可能被激活，但如果一个人把生活视为战场，把其他所有人都视为敌人，那么追求权力就只是他的生存手段罢了。事实上，这可能与神经症并无关联。如果我们没有对此进行区分，那么在分析中，我们就无从了解施虐倾向的表现形式，也无从判断某个行为是否算是施虐倾向。如果只能靠个人直觉来界定施虐倾向的表现，那么必定无益于观察的准确性。

施虐倾向不能以是否有伤害他人的举动来界定。当一个人处于竞争中时，无论是个人竞争还是一般性的竞争，他都不可避免地会伤害到对手，甚至伤害到同伴。这种敌意也许只是防御手段。一个人可能在感到受伤或受惊吓后想要发起反击，虽然他的反应可能过于激烈，但他会认为这是正常反应。然而，我们很容易在这个问题上受到蒙蔽，因为大部分"正常反应"其实都掩盖着一种施虐倾向。虽然二者很难区分，但也不能因此便认为以反应的形式表现出来的敌意是不存在的。最后，对抗型患者始终都处于攻击状态，在他看来，这是一种生存策略。我认为，他的行为并不算是施虐倾向，虽然他必定会伤害到别人，但这种伤害只是附带的结果，而非目的。简而言之，他可能会做出具有攻击性或敌对性的行为，但他并不是为了伤害别人而做出这种行为,也没有从伤害别人中获得满足感。

但典型的施虐态度与此相反。那些毫不掩饰其施虐倾向的人,无论他们是否意识到自己具有这种倾向,我们都能在他们身上明显地观察到这种态度。在接下来的论述中,我所说的有施虐倾向的人,指的都是对他人充满虐待态度的人。

这样的人总是想要奴役别人,特别是他的伴侣。他的受害者被他当成自己的奴隶,必须完全听从他的支配,不能有自己的意愿、情感和主动性,不能对他提出任何要求。这种施虐倾向可能表现为随意塑造或改造受害者,就像《皮格马利翁》中希金斯教授对伊莎莉的塑造一样。这种行为或许会产生一些建设性的作用,比如父母对子女的教育,老师对学生的指导等。这种作用偶尔也会体现在性关系中,特别是当施虐者在性方面更为成熟时。此外,在有年龄差距的同性恋关系中有时也会存在这种作用。但即便如此,一旦"奴隶"稍有反叛,想自己做主、自行交友或做自己喜欢的事情,施虐者就会凶相毕露。施虐者往往具有疯狂的占有欲,并且表现为一种嫉妒心,他常被这种心态所折磨,同时又以此为手段去折磨"奴隶"。从这种虐待关系中,我们可以发现施虐者的一个特点:他热衷于控制受害者,却对自己的生活毫无兴趣,换句话说,为了避免"奴隶"获得丝毫的自由,他宁愿牺牲自己的事业或社交。

他奴役伴侣的方式很有特点,这些方式基本相似,而且都由双方的性格结构决定。他会给对方留下一个好印象,让对方愿意维持这段关系。他会满足伴侣的某些要求,虽然从精神生活角度来看,这种满足只达到了最低标准,但他会让对方感到他的给予是最独特的。他会对伴侣说,没有人能像他一样理解她、支持她,让她体会到性的满足和乐趣。他甚至会说:"说实话,除了我,没人能受得了你。"此外,为了把伴侣控制在这段关系中,他还会用美好的未来作为诱饵,比如,他会暗示或承诺自己将永远爱她,并会娶她为妻,让她过上更富有或更幸福的生活,等等。有时他会表示自己离不开对方,以此满足对方的被需要感。这些方式全都效果显著,他通过占有和贬低,把伴侣孤立于他人之外。如果伴侣已经对他有了强烈的依赖感,那么他可能会用分手作为威胁,让对方更加服从。或许他还有其他威胁手段,由于它们各有特点,我们将单独进行探讨。当然,我们还要考虑受虐者的性格特点，否则无法理解这段关系是怎样发展的。这些受虐者通常属于顺从型，担心自己被抛弃，或者压抑了自己的施虐倾向，从而变得绝望。关于这种情况，我们将在后文中进行讨论。

这种关系所导致的相互依赖既会使受虐者产生憎恨，也会使施虐者感到不满。如果施虐者自我孤立的意识较强，那么他便会因为受虐者占用了他过多的情感和精力而愤怒。他没有意识到这些约束正是他一手造成的，反而将责任推给对方，认为是对方对他过于依赖。此时，他想要分手的意愿不仅体现了他的恐惧和愤怒，同时也是威胁对方的一种手段。

并非所有的施虐者都以奴役别人来满足自己。有一类施虐者喜欢像把玩物品一样把玩别人的情感，并以此来满足自己。索伦·克尔凯郭尔在其小说《诱惑者日记》中塑造了这样一个人物，他对自己的生活无所追求，只当它是一场游戏，他知道何时要表现出兴致，何时又要保持冷漠；他能非常准确地观察和预测女孩们对他的反应；他也知道怎样激发和压制对方的情欲。但这种敏感只是为了满足他的施虐需要，至于对方的生活会受到什么影响，他却毫不在意。索伦·克尔凯郭尔所描述的这种有意识的老谋深算，其实却源于无意识。这些手段的性质都是相同的，即吸引与排斥，诱惑与失望，赞美与贬损，带来快乐也带来痛苦。

施虐者的另一个特点就是出于私欲而利用伴侣。这种利用不一定是为了施虐，也有可能是另有所图。获得某种好处只是这种利用的目的之一，但"好处"往往只是假象，而且根本不值得付出那么多。可是，对施虐者而言，利用的过程就足以激发他的热情，最重要的是体验到占别人便宜的快感。他利用别人的方式尤其能够体现这种施虐的特性。施虐者直接或间接地控制受虐者，不断地提出更高的要求，并且使受虐者在无法达到这些要求时产生罪恶感。施虐者总能找到借口指责对方待他不公，并借此提出更多的要求。然而，就像易卜生在戏剧《海达·高布乐》中所描述的那样，即使受虐者满足了施虐者的要求，施虐者也不会表示感谢，而且，施虐者提出要求的目的，正是为了伤害和控制受虐者。这些要求可能与物质有关、与性有关，或者与职业有关；也可能是为了引起对方的特别关注，获得对方的忠心和容忍。从内容上来看，这些要求都是为了让受虐者从多方面填补施虐者情感上的空洞。海达·高布乐就具有这种特征，她总是抱怨生活无趣，缺少刺激，她像吸血鬼一样，不断地从伴侣身上榨取活力来填补自己。一般来说，这种需求完全是无意识的，但它很可能正是施虐者利用别人和要求别人的根本原因。

此外，施虐者还具有挫败他人的倾向，一旦意识到这一点，我们就能更加清楚地看到他利用别人这一行为的本质。当然，施虐者并非从不给予，他有时甚至相当慷慨大方。施虐者的特征之一并不是吝啬，而是一种具有主动性的无意识冲动，这种冲动令他想要挫败别人，剥夺他们的快乐，让他们心灰意冷。他不能容忍受虐者有任何满足和快乐，他会想尽办法挫败或粉碎对方的快乐。比如，当对方想要见他时，他会表现得非常冷漠；当对方想和他过性生活时，他会变得性冷淡甚至阳痿；任何积极的事情他都不愿去做，或者只是嘴上说着去做，但没有实际行动；他总是处于抑郁状态，言谈举止都给人压抑感。在这里，我要引用英国作家奥尔德斯·赫胥黎说的话来进行解释："他什么都不需要做，只要活着就够了。他已经凋谢了，枯萎了，变成了黑色的一团。""这是多么精心装点的权力意志！这是被华丽外衣掩饰的残忍！这是多么难得的才能！这阴郁如此强大，就连高昂的兴致也受到了感染，因此低下头来，任其宰割。"

施虐者还有一个特点,即喜欢羞辱和贬损他人,这与上述表现具有同等意义。他热衷于查找别人的毛病,饶有兴趣地揭开别人的伤疤。他能够凭直觉发现别人的弱点和敏感点,并且无情地对其进行贬损和羞辱。他可能会用真诚坦率、乐于助人来合理化自己的行为;他可能会认为,自己这样做是因为别人的能力和人品不足以令他信任,然而,一旦被问到这种不信任是否出于真心,他便立刻惶恐不安起来。当然,这种倾向的确有可能外化为对别人的不信任。他会说:"如果我能相信那个人就好了!"但那个人会以蟑螂、老鼠等令人厌恶的形象出现在他的梦境中,他又怎么可能信任这样的人呢!也就是说,不信任别人或许源于对别人的轻视。施虐者可能意识不到自己的这种轻视,但却意识到了自己对别人的不信任。说得更准确些,这不仅是一种倾向,更是一种爱找茬的怪癖。他的眼里只有别人的缺点,还非常善于把自己犯的错外化为别人的责任。比如,当他的行为引起别人的不安时,他会立刻注意到对方的反应,并且鄙视对方的情绪波动;如果受到威胁的人没有太大的反应,他又会斥责对方隐瞒或撒谎。他竭尽所能把对方培养成自己的附庸,最后却反过来责怪对方太依赖他。这样的贬损不仅限于语言的方式,还伴随着各种带有轻视意味的行为。羞辱性质的性行为也是其中的一种表现。

如果施虐者的这些倾向受到了阻碍，或者局面发生了逆转，那么他会产生受压迫感、被利用感或受辱感，从而勃然大怒。在他看来，自己有权尽情报复冒犯者，无论是踢、是打，还是将其挫骨扬灰。他也可能压抑这种疯狂的施虐欲，但随后就会突发急性恐慌或某些机体功能障碍，这说明其内心的紧张感在急剧增强。

那么，这些施虐倾向意味着什么呢？患者的这些极度残忍的行为，究竟源于怎样的内心需要呢？事实上，即使施虐倾向会体现在性行为中，但"施虐倾向是性欲的倒错"这一观点并不成立。因为一切病态倾向往往都会体现在性行为中，就像它们往往也会体现在工作方式、仪态和笔迹中一样。如同没有证据能够支持"一切兴奋都是性兴奋"这个观点是正确的，同样，虽然所有施虐行为都会伴随着兴奋感，或者像我多次说过的，伴随着一种激越的狂热，但也没有证据能够证明这些兴奋和热情在本质上都属于性欲。从现象学的角度来说，施虐兴奋与性兴奋有着截然不同的本质。

另一个错误观点认为施虐冲动是儿时虐待倾向的延

续，这个观点具有一定的吸引力，因为儿童在对待小动物或者比自己更小的孩子时往往会表现出残忍的一面，并且能够从中获得乐趣。有人或许会因为两者之间的相似性而认为成人的施虐冲动只是儿时残忍本性的升级，但事实并非如此，成人的残忍与儿童的残忍属于两种不同的倾向。诚如我们所见，儿童的残忍似乎只是在受压或受辱时做出的简单反应；而成人的施虐行为无论表现还是根源都更为复杂，具有儿童的残忍所没有的特点。此外，就像所有以儿时经历来解释成人反常表现的理论一样，这种错误的观点也回避了一个非常重要的问题，即早期残忍行为的持续和升级是由什么因素导致的？

上述两种观点只专注于施虐倾向的某个方面，或者是性，或者是残忍，甚至就连这两方面也无法做出解释。相对来说，埃利希·弗洛姆的理论更加接近问题的本质，但同样难逃这样的缺陷。弗洛姆认为，施虐者的目的并不是摧毁自己所依赖的受虐者，他只是无法独立生活，因此需要利用受虐者来实现一种共生性的生存。这一点是正确的，但尚不足以解释施虐者为什么一定要强迫性地干涉别人的生活，或者为什么要采取那种特定的方式进行干涉。

如果我们把施虐看作一种神经症症状，那么首先要做的不是对症状做出解释,而是要了解引发这种症状的人格结构。从这个角度进行分析,我们会发现,那些具有明显施虐倾向的人都深感自己的生活毫无意义。其实,人们早在我们通过临床检查发现这种病症之前,就已经察觉到了这种潜在的状况。比如,海达·高布乐及其诱惑者几乎没有可能有所作为或过上有意义的生活。在这种状态下,如果一个人无法妥协,只能忍耐,那么他必定会觉得自己总是受到排斥,总是遭遇失败,从而心存怨恨。

于是,他开始憎恨生活,憎恨一切积极向上的东西,这种憎恨包含了一种强烈的嫉妒,因为他的渴求得不到满足。只有那些自认为被生活所遗弃的人才会有这样的憎恨和嫉妒。这种状态被尼采称为"Lebensneid",意思是"在嫉恨中生存"。在这种人看来,只有自己是不幸的:别人都能吃饱肚子,只有自己在挨饿;别人都能谈情说爱、进行创作、享受生活,都能拥有健康和愉悦,都能找到归宿……看到别人生活在幸福和快乐中,他深感恼怒。为什么自己过不上好日子,别人却可以?用陀思妥耶夫斯基的小说《白痴》中的一段话来说,他不能原谅别人的幸福,他必须将别人的快乐踩在脚下。小说中那位身患肺结核的教员就是典型的例子,他在学生的面包上吐痰,并且为自己的恶作剧而得意扬扬。这是嫉妒心导致的一种有意识的报复行为。通常情况下，施虐者挫败和破坏他人快乐的倾向是无意识的，但其目的和那位教员一样卑鄙，那就是把自己的痛苦转移到别人身上，只有看到别人也同样受到了打击并深陷痛苦之中，他才会感到自己没有那么痛苦了，因为受苦的不再是他一个人。

还有一种缓解嫉妒心的方式叫"酸葡萄策略"，他运用这一策略的手段非常高明，不留痕迹，观察者即使受过专业训练也很容易被他蒙骗。其实，他的嫉妒心隐藏得很深，如果有人问及此事，他会不以为然。他对生活中痛苦、沉重或丑恶一面的专注，不仅体现了他的怨恨和失意，也体现了他刻意向自己证明他有极强的洞察力。他喜欢给别人挑毛病、贬损别人，也在一定程度上源于这种心态。比如，他对漂亮女人的某个缺陷非常关注；他走进一座房屋时，首先会注意到哪个地方的颜色或者哪件家具与整体不协调；观看演讲时，他会挑出演讲者的所有失误。同样，他不会放过别人的任何错误、任何性格缺陷，以及任何不良动机等等。如果他是个圆滑的人，他会说这种倾向是因为自己过于追求完美，但事实上，这是因为他的眼里只有这些东西，而完全看不到其他的一切。

通过贬损别人，他的确缓解了嫉妒，发泄了愤怒，然而，这种态度又反过来使他产生了一种持续的失望和不满情绪。比如，如果他有子女，他会觉得负担和责任变得更加沉重了；而如果他没有子女，他又会觉得自己的人生缺少了最重要的体验。如果他没有性生活，他会觉得自己是不完整的，并且担心禁欲会带来危险；而如果他有性生活，他又会为此感到羞耻。如果要出门旅行，他会抱怨其中的种种麻烦；而如果不去旅行，他又会觉得被迫待在家里有失颜面。由于他没有意识到这种长期的不满情绪正是源于自身，因此，他觉得自己有权让别人知道，是他们让他如此失望，而且，他还认为自己有权向他人提出更多的要求，但即使这些要求都得到了满足，他也无法摆脱不良情绪。

饱含仇恨的嫉妒心、对他人的贬损，以及由此导致的不满情绪，它们都在一定程度上对施虐倾向做出了解释。我们现在已经清楚了施虐者为什么要挫败别人、伤害别人、给别人挑错、向别人提出无理要求。然而，要想理解他的施虐倾向所造成的破坏性，以及他自负的态度，我们就必须意识到，这些都是他的绝望感造成的。

在他心中同样有着理想化意象，而且这个意象符合高尚且严格的道德标准，即使他的行为已然违背了人类美德的最基本要求。他属于我们此前讨论过的一类人，他们的绝望源于无法达到理想化标准，于是有意或无意地选择了破罐破摔，并且在这个过程中体验到了某种绝望的快感。然而，这只会导致理想化意象与真实自我之间的距离越来越远。在他看来，自己已经不可救药，也无法原谅自己了。他陷入更深的绝望之中，认为自己已经一无所有，索性变得无所顾忌起来。只要这种状态还在维持，他就永远不可能积极地改变自己。任何有建设性意义的尝试都必定会失败，唯一的作用就是证明了做出这些尝试的分析师完全不了解他的状况。

由于厌恶自己，因此他无法正视自己。他必须变得更加自负，才能避免被这种自我厌恶所伤害。别人但凡对他有一点责备，有一点忽略，或者没有特别关照他，他就会立刻产生自卑情绪，所以，他必须将其视为不公正的待遇而拒不接受。为了保护自己，他只有去攻击别人。我们之前讲过一个案例，一位女性患者抱怨自己的丈夫做事犹豫不决，而当她意识到她的不满其实指向自己时，她变得异常恼火，恨不得将自己撕碎。这个案例就可以说明上述过程。

这样一来，我们就能理解施虐者为何不得不贬损别人，并且看清了这种逻辑中的强迫性，以及他企图改变别人——至少是改变伴侣——的强烈欲望。由于自己达不到理想化意象，于是便要求伴侣必须达到；如果伴侣也达不到，他便会把对自己的愤怒发泄到伴侣头上。施虐者偶尔也会问自己："为什么我一定要干涉别人呢？"但只要内心的冲突依然存在，并且被外化，这种理性的思考就会被冲淡。他往往以"爱"或"关怀"的名义来合理化自己施加给伴侣的压力。但显然，这根本不是什么爱，也不是什么关怀，因为他阻止了伴侣遵循自身的天性和规律去发展。事实上，他把实现理想化意象的任务强加给伴侣。而自负的态度不仅能够让他免于陷入自卑，甚至让他更有信心去实现自己的目的。

理解了这种内心斗争后，我们对施虐症状中的另一个因素便有了更深刻的认识，这种因素就是报复性，它更具普遍性，犹如毒液一般侵入施虐者的每一个细胞。为了把强烈的自卑感从心底驱赶出去，他只能进行报复。他的自负使他意识不到一切问题都源于他自身，在他看来，自己才是受虐者和受害者。同样，他也意识不到他的绝望感都源于他的内心，因此，他把责任都推给别人，认为是别人破坏了他的生活，他们必须为此付出代价。正是这种报复心理导致他毫无同情心和怜悯心。在他看来，自己没有理由同情那些破坏他生活的人，更何况他们还过得那么好。他的报复欲望在针对不同对象时，偶尔也会有意识，比如，当报复对象是他的父母时，他就能够意识到。然而，他没有意识到的是，他的整个人格都已经被报复倾向浸透了。

以我们目前的观察，发现施虐者有如下特征：他们有被人排挤的感觉，认为自己必定失败，于是便为所欲为，盲目地把怒气发泄到别人头上。我们已经知道，他是为了缓解自己的痛苦而让别人受苦。但这尚不足以做出充分的解释。因为这只强调了破坏性的一面，无法全面地解释施虐者所特有的疯狂追求。他之所以做出施虐行为，必定是因为受到了某些重要利益的驱使。这种说法似乎违背了前面所说的"施虐行为源于绝望"这一观点，对于一个绝望的人来说，希望、追求以及迫切的愿望还会与他有关吗？实际上，从施虐者的主观来看，他的确有利可图：贬损他人不仅能够淡化他的自卑感，而且还让他获得了某种优越感；当干涉别人的生活时，他不仅体验到了主宰别人的快感，而且还为自己的生活找到了替代意义；当他在情感上利用别人时，他用别人的情感弥补了自己的情感空白，从而减轻了自己的空虚感；当他挫败别人时，他会获得一种成就感，从而忘记了自己失败的生活。他最大的动力或许就是对报复性胜利的需求。

他一切追求的目的，就是为了满足自己对激情和兴奋的渴望。对于身心健康的人来说，这些刺激都是没有必要的，一个人越是成熟，就越不会关注这些。然而，施虐者的情感生活只是一片空白，他压抑了所有情绪，只剩下愤怒和获胜时的喜悦。他就像行尸走肉一般，如果没有强烈的刺激，他甚至感觉不到自己还活着。

最后，还有很重要的一点。他通过人际关系中的虐待行为获得了一种力量感和自豪感，这使他无意识的全能感得到了进一步的强化。随着分析的展开，患者对于自身施虐倾向的态度会发生一系列深刻的变化：当他第一次对这些倾向有所认识时，他可能会对其加以批判，但他的态度并非完全出于真心，仅仅是在口头上承认社会的普遍标准；他可能会短暂地厌恶自己，但又不情愿告别施虐的生活方式，觉得这会让他失去一件宝贵的东西，接着，他会第一次有意识地体会到施虐的快感。他开始担心分析会让他发现自己是一个可悲的弱者，这与分析过程中常见的其他顾虑一样，都是主观上的担忧：分析会剥夺他利用别人来填补自己情感空白的能力，让他意识到自己的可怜和绝望。到了一定阶段，他会意识到自己从施虐中获得的力量感和自豪感只不过是可悲的替代品，但即使是替代品，对他来说也很重要，因为真实的力量和自豪是他不可能得到的。

一旦看清了这些"成功"的本质，我们就会发现，"施虐者有着疯狂的追求"并不违背"施虐行为源于绝望"这一观点。但他的目标并不是要获得更多的自由，也不是要实现自我，导致他绝望的各种因素依然存在，他也不指望这些因素消失。他的目标不过是些替代品罢了。

他在情感上的收获也是以替代的方式实现的。施虐就意味着生活中充满了攻击性和破坏性，并且要借助他人来实现。这是一个彻底的失败者唯一的选择。因为绝望，他在追求目标时会表现得无比疯狂。他一无所有，没有什么可以再失去的了，所以他只能去索取。从这个角度来看，施虐者所追逐的目标有一定的积极性，因此，我们可以将他的努力看作一种为求得补偿而做出的尝试。由于在击败他人的过程中，施虐者可以将自己的失败感暂时忘掉，因此，他才会对目标如此狂热。

但在这些努力中,破坏性因素必定会对施虐者造成影响。一方面是我们已经提到过的那种愈发严重的自卑感。另一方面是给患者带来的焦虑感,其中一部分原因是担心遭到受害者的报复,担心对方会以同样的方式惩罚他,在他看来,他们一旦有机会就会"以不公平的方式对待他",因此,他必须时刻保持攻击状态,以防遭到受虐者的报复;他必须高度警惕,以随时遇见他人的反击行为,使自己无法受到伤害。在无意识中,他自认为是不可侵犯的,这让他有了一种骄傲感和安全感:没有人能伤害他,没有人会发现他的弱点,意外和疾病不可能发生在他的身上;他甚至相信自己永远不会死亡。可是,一旦他真的受到了伤害,无论是人为的还是意外的,他那虚妄的安全感便立刻灰飞烟灭,这或许会使他陷入惊恐之中。

从某种角度讲,他之所以会焦虑,是因为恐惧自己内心的破坏性和不稳定性因素。在他看来,好像有一枚烈性炸弹绑在他身上,只有极度自控和警觉才能避免危险的发生。假如他因为酗酒而神志不清,那些危险因素就有可能失控,使他变得极具破坏性。在一些特殊情况下,比如,当感觉自己面临诱惑时,他可能会意识到自己的冲动。左拉在其小说《衣冠禽兽》中就描绘了这样的情景,当施虐者被一个女孩吸引时,他的内心居然产生了一种想要杀掉她的冲动,这让他惊恐万分。而目睹意外事件或任何残忍的行为也有可能激发患者的恐慌,因为这些情景会唤起他的破坏性冲动。

施虐倾向被压抑主要源于自卑和焦虑这两个因素。尽管每个人压抑的程度不同,但往往都没有意识到破坏性冲动。总体而言,令人惊讶的是,施虐者始终不知道自己具有施虐倾向。他只能偶尔发现自己想要虐待弱者,或者发现别人的虐待行为会令他感到兴奋,又或者发现自己在幻想施虐的情景。但这些只是零散的意识,缺少系统性,在日常生活中,他对别人做出的大部分行为都是无意识的。问题之所以被遮掩,原因就在于他不仅对别人麻木,而且对自己也麻木,只要这种麻木感依然存在,他就不可能在情感上对自己的所作所为有所体验。此外,施虐者有足够的借口隐瞒他的施虐倾向,无论是他自己,还是那些受他影响的人,都会被他欺骗。施虐癖已经处于严重神经症的晚期阶段,我们必须牢记这一点。产生施虐倾向的特定的神经症结构决定了施虐者以什么样的借口掩饰其施虐倾向,接下来,我们以三种神经症类型为例来说明这一点。

顺从型对伴侣的奴役是以无意识的、虚伪的爱的名义进行的，他会按照自己的需要提出要求：他太绝望了，太恐惧了，病得太严重了，因此理所应当得到伴侣的关照；他忍受不了孤独，因此理所应当得到伴侣的陪伴。他总在无意中向人说明，别人给他带来了多大的痛苦，以此间接地表达对别人的不满。

对抗型对自己的施虐倾向毫不掩饰，但这并不能说明他这样做是有意识的。他在表达不满、轻视和需要时毫不迟疑，在他看来，自己理由充分，而且非常坦率。他还会外化自己对他人的蔑视和利用，并且理直气壮地对他们说，是他们虐待了他。

孤立型在表现施虐倾向时通常比较温和。他挫败别人的方式总是悄无声息，他表现出动辄就要离开的姿态，以此剥夺别人的安全感，他暗示别人自己正在被他们约束或打扰，当别人出丑时，他会感到非常兴奋。

但患者的施虐冲动还有可能被进一步抑制，接着会转变成倒错的施虐癖。患者对自己的冲动非常惧怕，于是要进行退守，做好隐蔽，无论是面对自己，还是面对他人，都不能让这些倾向有所暴露。他沉浸在深深的自我压抑中，对一切类似自我肯定、攻击或敌意的东西都加以回避。

我们通过一个简短的概述来认识一下这个过程所导致的后果。比如，自我退守和避免奴役他人使他无法再提出任何要求，更谈不上承担责任或身居重要职位了。施虐者会因此过度谨慎，就连正常的嫉妒心都被抑制了。有经验的观察者会发现，这样的患者一旦遇到不如意的事情，就会头疼、胃疼，或者出现其他身体症状。

自我退守避免利用他人，会导致更加严重的自卑倾向。他不再表达任何意愿，甚至也不敢有什么意愿；他不敢抗拒虐待，甚至在遭受虐待时也不敢承认；他觉得别人的要求或愿望比自己的更合理、更重要；他不敢维护自己的权利，宁愿被别人利用。这种人必定处于进退两难的境地。他担心自己想利用别人，但又鄙视自己不敢利用别人，觉得那是怯懦的表现。一旦被人利用，他又会陷于无法解决的困境中，接着便会出现抑郁或某些功能性紊乱的反应。

同样，他不会挫败别人，相反，他生怕别人对他感到失望，因此会过分关心和包容别人；他会竭尽所能避免给别人的情感或尊严造成任何伤害；他会凭直觉说些讨好别人的话，比如，为了鼓励别人增强自信而说出赞美的话；他会把一切责任都揽到自己身上，把自我批评挂在嘴边；

如果遇到必须批评别人的情况,他会选择最委婉的表达方式;当他被别人虐待时,他只会"谅解"对方的行为。但其实,他对所受的委屈相当敏感,所以内心无比痛苦。

情感上的施虐冲动一旦被压抑得太深,患者就会觉得自己对他人毫无吸引力,所以,他会真心相信自己无法吸引异性的注意,只能满足于别人的一点施舍,虽然有足够的证据表明事实并非如此。这里所说的不如别人的感觉,正是患者所意识到的自卑感,也体现了患者对自己的鄙视。但准确地说,认为自己缺乏吸引力,原因可能在于当他面对一些刺激性诱惑,比如征服别人或拒绝别人时,产生了一种无意识的退缩。在分析过程中,分析师会逐渐发现,患者已经在无意识中为自己虚构了情感蓝图,于是便会出现一种有趣的变化:"丑小鸭"逐渐意识到自己渴望吸引别人,而且也有能力吸引别人,然而,一旦别人对他的主动示爱做出了积极回应,他又会蔑视对方,并带着愤怒离开。

由此产生的人格表现并不真实,而且很难做出评价。它与顺从型十分相像,但实际上,公然施虐往往是对抗型的表现,而倒错的施虐癖往往从一开始就有明显的顺从表现。这或许与他儿时遭受的虐待有关,他不得不选择屈服。他将自己的真实感受隐藏起来，面对压迫者，他不但不反抗，反而报以爱意。

随着他逐渐长大，可能就在青春期前后，他终于无法继续忍受这种冲突，于是开始通过自我孤立来寻求安慰。然而，他给自己筑起的高墙无法永远保护他，当面对失败时，他觉得不能再这样孤立下去了，于是再次回到过去的依附状态，稍有不同的是，此时的他强烈地渴望得到别人的喜爱，为了逃避孤独，他甚至愿意付出任何代价。与此同时，他越来越难以得到温情，因为对自我孤立的需要仍然存在，这种需要不断地干扰着他对温情的追寻。在长久的挣扎中，他越发感到疲惫不堪，最终，他绝望了，并且产生了施虐的欲望。然而，他依然渴望得到别人的喜爱，因此，他只能克制自己的施虐冲动，并且将其完全掩藏起来。

在这种情况下与人交往是很困难的，尽管他本人或许对此没有意识。他经常表现出拘谨和腼腆，并且随时扮演着与施虐者相反的形象。他自认为喜欢与人接触。因此，在分析中，当他终于醒悟，意识到自己其实对别人没有任何感情，或者至少搞不懂自己的感情是什么时，他会感到非常惊讶。此时，在他看来，这种明显的情感匮乏的状况是无法改变的，但事实上，他只不过是在抛弃那种对别人有真正感情的假象，并且无意识地不感受、不直面自己的施虐冲动。只有当他对施虐冲动有所认识，并开始尝试克服时，他才有希望以真实的情感对待他人。

训练有素的观察者会发现，这种状况中隐含着某些因素，它们表明了施虐倾向的存在。首先，他经常以隐蔽的手段对他人进行威胁、利用和挫败，总是以一种他自己意识不到但却显而易见的轻蔑态度对待别人，在他看来，自己之所以这样做，是因为对方道德败坏。另外，他的一些自相矛盾的表现也表明了施虐倾向确实存在。比如，当受到真正的虐待时，他可以一忍再忍，然而，当受到最轻微的控制、利用或屈辱时，他却显得极其敏感。最后，他总是感觉受到了虐待，并且看上去好像很享受这种感觉，因此，他给人的印象如同"受虐狂"一般。但"受虐狂"一词及其含义很容易造成误解，所以我们最好只对其涉及的因素进行描述，而不使用这个词。由于患者过分压抑而无法肯定自己，因此，无论在哪种场合，他都欣然接受虐待。

但由于他厌恶自己的懦弱，又总是被别人的施虐行为吸引，因此他即钦佩他们，又讨厌他们。而施虐者也会被他吸引，因为他总是甘愿受虐。于是，他将自己置于被利用、受挫败、受屈辱的境地。他并不喜欢这种处境，这让他感到非常痛苦。这种生活只能让他借助别人来发泄自己的施虐冲动，从而避免直面自己的施虐倾向。因此，他必然会觉得自己是无辜的，并且对施虐者的行为感到愤怒，但同时又暗自希望有朝一日能够发起反击，把现在向他施虐的人踩在脚下。

我所描述的这种情况，弗洛伊德也注意到了。

然而，他在公开自己的发现时，使用的却是无凭无据的概述，反而使他的观点更不可信。可他却认为它们都是可靠的证据，并且将其纳入他的整个哲学框架中。在他看来，这些现象说明，破坏性是人的本性，而无论其表面上有多么的优秀。但事实上，这种状况只是特定神经症的特定产物。

我们再来回顾一下本章开头提到过的某些观点，它们或者把施虐者视为性欲倒错者，或者用专业术语将其界定为卑鄙和邪恶的人。相比之下，我们目前的观点已经有了很大的进步。其实，性欲倒错并不常见，其表现也仅仅源于患者对待他人的所有态度中的一种。不可否认，施虐者的确具有破坏性倾向，但深入理解后，我们便能够透过表面上的非人性行为，看到其背后的那个人正在痛苦的绝望中挣扎，他被生活击垮了，所以渴望得到补偿。基于这种观点，我们就有望通过分析对患者施加影响了。

结论
怎样解决神经症冲突

我们对神经症冲突给人格带来的损伤认识得越多，就越发意识到真正解决这些冲突有多么的重要。然而我们同样意识到，这些问题是无法单凭理智的决定、回避或意志力来解决的。那么我们该怎么办呢？办法只有一个：对人格中引发这些冲突的条件加以改变，这样才能解决冲突。

这种方法不仅激进，而且非常困难。我们之所以会竭尽全力寻找捷径，就是因为改变自己实在太困难了。或许这就是为什么患者和其他人经常会问：是不是只要看到了自己的基本冲突，就足够解决问题了？答案显然是否定的。

即便分析师在分析的初期就已经对患者的分裂状态有所判断，而且能够帮助患者认识到这种分裂，但依然无法立刻见效。此时，患者不再迷茫，开始了解到导致自己痛苦的真正原因，察觉到内心的各种冲突，但这也只能在一定程度上缓解患者的痛苦，他还无法将这种认识应用于自己的生活中，他依然处于分裂状态。他只不过是从分析师那里听到了这个事实，然后接受了它，就好像一个人听说了一个陌生的消息，他知道这个消息是真实的，但意识不到它跟自己有什么关系。患者无意识地保留着旧我，这就导致他的新认识无法见效。在无意识中，他坚持认为分析师夸大了他的冲突；他之所以会出现问题，都是因为外界的干扰；他可以借助爱情或事业的成功来消除痛苦；他可以通过离群索居来避免发生冲突；遵守两个相反的原则对庸人而言是不可能的，但他的意志力和智慧却足以战胜困难。此外，他会无意识地认为分析师是江湖骗子，专治不存在的病以换得荣誉，或者，分析师只是善良的笨蛋，根本不知道患者已经无可救药。这说明，面对分析师的建议，患者只会以绝望来回应。

从患者的这些保留可以看出，他或者要固守自己特有的解决冲突的方式，因为对他来说，这些方式比冲突本身更实在；或者对恢复正常已经不抱希望。因此，分析师首先要对患者解决冲突的方式及其效果进行检验，只有如此，才能有效应对患者的基本冲突。

试图寻找捷径的做法引发了另一个问题，由于弗洛伊德对遗传性的重视，这个问题便显得更为重要了：认识到这些冲突倾向后，是不是只要挖掘到它们的根源，并且联系患者儿时的表现就够了？答案依然是否定的。理由和前面所说的一样。仔细回忆儿时经历对解决患者的冲突毫无帮助，只会让患者以更加宽容、更加仁慈的态度对待自己。

对于分析来说，全面了解早期环境及其给儿童人格带来的改变虽然没有什么直接的价值，但的确能够为研究神经症冲突的形成条件提供帮助。（注释：这方面也有一定的预防价值。如果我们知道怎样的环境因素对儿童的发展有利，怎样的环境因素对儿童的发展有害，那么就相当于找到了预防后代患上神经症的有效途径。）毕竟冲突最早源于儿童与自我、与他人关系的变化。关于冲突的形成过程，我已经在出版过的著述以及本书前面的章节中描述过了。简而言之，一个孩子可能会发现自己身处的环境威胁到了自己的内心自由、主动性、安全感和自信心，换句话说，他发现这种环境对自己的精神核心构成了威胁，从而感到非常无助，因此，他的社交方式取决于自身的迫切需要,以及对利害关系的考虑,而非取决于他的真情实感和真实意愿。他无法坦言自己的好恶或者信任与否,无法真实地表达自己接受的和拒绝的,因此他只能想尽办法应付别人,在与别人的周旋中尽可能避免受到伤害。我们可以这样总结这种生活方式的根本特征:疏离自我和他人;绝望感;弥漫的忧虑感;人际关系中存在敌对性紧张,其中包括一般的警觉和深恶痛绝。

这种状态只要还在持续,神经症患者就难以摆脱冲突倾向。相反,随着神经症的发展,他们的内心需要会更加迫切。事实上,正是这种虚假的解决方法使他与自身以及与他人的关系更加混乱,这也让冲突越发不可能得到真正的解决。

所以,分析要达到的目标只能是对这些状态加以改变。我们必须帮助神经症患者进行自我改造,使其对自己的真情实感和真实需要有所认识,才能让他发现自己的价值观,帮助他将人际关系建立在真实的情感和信念的基础之上。如果我们真的能够做到这一点,那些冲突便会奇迹般地消失。我们不能期待奇迹自己出现,而是必须清楚促成这种变化需要哪些步骤。

所有的神经症其实都是性格障碍,无论它们有着怎样奇特的症状。因此，分析治疗的任务就是对整个神经症的性格结构进行分析。所以，我们对这种结构及其个体差异认识得越清晰，就越能更加精准地确定需要完成的工作。如果我们将神经症视为患者在基本冲突周围筑造的防御工事，那么就可以将分析大致分为两大部分。

第一部分是对患者为解决冲突所做的无意识的努力以及这些努力对其整个人格的影响进行详尽的考察。具体内容包括研究他的主要倾向、理想化意象以及外化作用对他造成的影响等，而这些努力与潜在的基本冲突之间的特定关系则不在考虑的范围内。我们不能认为只有将冲突列为考虑的首选，才能对这些努力加以理解和研究，因为它们虽然源于患者对解决冲突的需要，但它们本身也有自己的规律、意义和影响力。

第二部分是处理冲突本身，在这个过程中，我们既要帮助患者认识到冲突的大致情况，还要帮助他看清冲突是如何发挥作用的。换句话说，就是要让患者认识到这些相互矛盾的倾向与由此产生的态度之间是怎样彼此干扰的。比如，患者有顺从倾向，而他倒错的施虐倾向又强化了这种顺从倾向，因此，他应该意识到，他之所以无法在比赛或工作中表现突出，正是因为这种顺从的需要从中作梗，而同时，击败他人的欲望又使得他无比重视胜利。再比如，他应该清楚，有多种原因导致了他的禁欲主义，而这样的禁欲又违背了他对同情和爱的需要。我们必须让他意识到自己是怎样从一个极端转移到了另一个极端。比如，他是怎样时而对自己苛刻，时而对自己放纵；或者他的施虐倾向是怎样强化了他对自己外化的需要，而这一需要又违背了他想建立善良形象的需要；或者他是怎样时而指责别人的行为，时而又包容这些行为；或者他是怎样徘徊在自己应该享受一切权利与自己不应享受任何权利这两种态度之间。

另外，在这部分工作中，我们还要让患者认识到，他试图做出的妥协是不可能成功的。比如，他可能试图将自私与慷慨、攻击与关爱、支配与牺牲等结合起来，而分析师要明确地提醒他，这些努力都是徒劳的。通过分析，患者还会认识到，他的理想化意象和外化行为等是怎样掩盖了他的冲突，并且使冲突导致的破坏性力量得到了暂时的缓解。总之，我们要通过分析让患者彻底理解冲突给他的人格带来的普遍影响，以及它们是怎样导致了他的各种症状。

通常而言，患者在分析的每个阶段都会有不同的防范措施。当分析师对他解决冲突的方式进行分析时，他会坚决维护自己的态度以及各种倾向中固有的主观价值，因此他不可能透露真正的领悟。当分析师对他的冲突进行分析时，他一心只想证明他的冲突根本不算冲突，因而无法意识到他特有的倾向其实是相互矛盾的。

关于分析工作的顺序，弗洛伊德的建议或许更有指导意义。他在心理分析中引入了医学分析中的有效原则，他指出，在处理患者的问题时，有两点需要特别注意：分析师的解释必须是有益而无害的。也就是说，分析师必须时刻提醒自己：如果此时让患者知道了真相，他能承受得了吗？我的解释对他是否有意义，是否会促使他进行建设性的思考？截至目前，我们依然缺乏一个确切的标准来界定患者的承受力，也不清楚怎样才能推动患者的建设性思考。由于不同患者之间性格结构的差异太大，因此我们无法确定最佳的解释时机。即便存在以上困难，我们仍要遵循这样的基本原则：要想确保有益而无害，就必须等到患者的态度发生特定的改变后，再开始探讨他的某些问题。在此基础上，我们可以尝试几种常用的措施。

只要患者还在执着地追求那些对他有拯救意味的幻觉，那么即便分析师指出了他的冲突也无济于事，因为他首先必须意识到这些追求毫无意义，只会对他的生活形成干扰。分析师要做的，并非分析冲突本身，而是用非常简练的语言为患者分析他所采取的解决冲突的方式。当然，这并不意味着要刻意避免提及冲突。在分析过程中，分析师要根据患者神经症结构的脆弱程度来选择分析的方式。过早地了解冲突的真相，对于一部分患者来说，只会导致他们的恐慌；而对于另一部分患者来说，则没有任何意义。但从逻辑上讲，只要患者依然执着于自己的解决方式，并且还在无意识地仰仗这些方式，他就不可能关注自己的冲突。

另一个需要慎重对待的就是理想化意象。由于篇幅所限，我无法在本书中详细描述这种意象的触发条件，但慎重对待还是非常重要的。因为对患者来说，唯一真实的东西就是理想化意象，不仅如此，只有理想化意象才能使患者获得自尊，而不再感到自卑。要想帮助患者打破理想化意象，就必须先帮助他获得现实的力量。

试图在分析的初始阶段就对施虐倾向进行修复必然毫无益处，从某种程度上来说，这是因为这些倾向与患者的理想化意象之间存在着巨大的差异，并且截然相反。即便到了分析的后期，患者对自己的施虐倾向有所认识后，他依然会对其感到恐惧和厌恶。从另一个更重要的角度来说，我们之所以要等到患者的绝望感有所减轻后再开始进行这种分析，是因为如果患者依然无意识地相信他只能选择替代性的生活方式，那么他就不可能有兴趣去探讨自己的施虐倾向。

在根据患者特定的性格结构做出相应的解释时，分析师也可以使用上述原则来选择恰当的时机。比如，当患者流露出攻击倾向，认为情感意味着软弱，从而追求那些强有力的东西时，分析师首先要对他的这种想法及其影响进行分析。而错误的做法则是将他对亲密关系的需要作为分析的首选，无论在分析师看来这种需要有多么的明显。患者对这样的做法非常抗拒，认为自己的安全受到了威胁。他觉得自己要对分析师加以提防，以免在其引导下变成"老好人"。只有当他变得更加坚强时，他才有可能忍受自己的顺从倾向和自卑倾向。面对这样的患者，分析师不要急于触及"绝望"这个问题，因为对他来说，承认了自己的绝望，无异于暴露出可鄙的自怜，坦白自己是个失败者，所以他会拒不承认这种绝望感。相反，如果患者的顺从倾向居于主导地位，那么分析师首先要对他"亲近他人"的表现进行分析，然后才能触及他的支配倾向和报复倾向。再比如，如果一位患者自认为是一位卓越的天才或者完美的恋人，那么分析师要避免首先触及他的自卑感，或者他对被轻视和被拒绝的恐惧。

有时，在分析的初始阶段，能够接触的问题非常有限，尤其是当患者外化严重并且坚持理想化自我时，因为这样的患者拒绝承认自己有任何缺陷。一旦遇到这种情况，分析师要想不浪费时间，最好的方式就是避免暗示问题源于患者自身，即便是最隐晦的暗示也不要做。但在这个阶段，分析师可以触及患者理想化意象的某些方面，比如，患者对自己的过分要求。

如果分析师熟悉神经症性格结构的动力学原理，那么将有助于迅速、准确地了解患者在人际关系中所要表达的东西，从而明确分析的切入点。如此一来，分析师就能从看似无足轻重的症状中洞察和预见患者的整体人格，从而专注于那些值得关注的因素，正如内科医生一旦发现患者有咳嗽、盗汗的症状，或者患者往往在午后出现疲惫感，就会考虑患者有可能患有肺结核，并由此制定治疗方案。

比如，如果发现患者对分析师表现得唯命是从、非常敬佩，并且在人际交往中表现得很谦逊，那么分析师就要考察一下这些表现是不是真心的，并且由此观察患者是否

"亲近他人"。有了更多的发现后，分析师就可以尝试着从各种可能的角度对患者进行归类，并着手解决问题。同样，如果患者总是纠结于他自认为的羞辱经历，而且担心分析师也会以类似的方式伤害他，那么分析师就要帮助患者缓解对羞辱的恐惧。分析师的解释可以从当时最容易观察到的恐惧的根源入手，比如，将恐惧与患者渴望认可理想化意象的需要联系起来，当然，其前提是患者对他的理想化意象已经有所认识。在分析过程中，如果患者有怠惰的表现，并且认为一切都是命运决定的，那么分析师就要尽力帮助他消除绝望情绪。如果在分析开始时，患者表现出这种绝望感，那么分析师或许只能向患者指出，他这是自暴自弃。接着，分析师要帮助患者明白，这种绝望感并不是由真正无望的情境造成的，它只是一个有待理解和解决的问题而已。如果在分析的后期出现这种绝望感，那么分析师要考虑这或许关系到患者无法找到解决冲突的方法，或者无法达到理想化意象的要求。

以上建议给分析师留有充分的余地，分析师可以以此作为参考，发挥自己敏锐的直觉，去发现患者真实的内心世界。对于分析师来说，直觉是宝贵的工具，要尽力用好这个工具，让它发挥最大的作用。但直觉的运用并不意味着分析工作只是一门"艺术",或者只要掌握常识就能解决问题。要想做出更具科学性的诊断,让分析工作更加精确、负责,分析师就必须了解患者神经症的结构。

然而,由于不同患者的神经症结构存在着巨大的个体差异,因此,分析师只能摸索前行,免不了会出错。当然,我所说的出错仅仅是指做出患者尚且无法接受的解释,而并非是指犯下严重的错误,比如,将一些不存在的动机强加在患者身上,或者没有抓住患者的基本倾向。严重的错误是可以避免的,但解释的时机出错却不可避免。我们要善于从患者对我们所做解释的反应中及时发现自己的错误,并且立刻修正分析方案。在我看来,人们好像非常看重患者的"抵触",过度关注患者对于一种解释是接受还是抗拒,却忽略了他的反应究竟意味着什么。这一点非常令人遗憾,因为分析师要想知道首先应该做什么,要想帮助患者解决分析师指出的问题,就必须先理解患者的一切反应。我们通过以下案例来说明这种情况。

一位患者发现,当他与人相处时,只要对方向他提出要求,他就会非常恼火,对他来说,即便是最合乎情理的请求也带有强迫的意味,即便是最善意的批评也会给他带来羞辱感。然而,他却认为自己可以随意向别人提要求,并且毫不留情地批评他们。也就是说，他给自己赋予了各种特权，却剥夺了对方的一切权利。渐渐地，他认识到这样的态度必定会给他的友谊和婚姻造成伤害，于是他始终积极配合分析工作。但当他意识到自己的这种态度会导致严重的后果时，他却表现出了沉默，还出现了轻度的抑郁和焦虑症状。在社交场合，他开始尽力回避他人，而在此前，他曾迫切地想和一位女性建立关系，这样的变化形成了巨大的反差。这种回避的表现证明了他无法忍受与人平等相处，尽管他在理论上承认人与人是平等的，但在现实生活中却无法付诸实践。他之所以出现抑郁的症状，是因为他意识到自己正陷于无法解脱的两难境地，而回避则说明他正在想办法解决这个问题。当他发现回避无济于事，而且只能通过改变态度来解决问题时，他开始为自己无法接受平等的关系而感到诧异。此后，他从自己的人际关系中发现，他在情感上只看到了两种可能性，即拥有一切权利和没有任何权利。他承认自己担心的是，让出权利就意味着无法继续随心所欲，而只能遵从别人的意愿。这反过来又引发了他的顺从倾向和自卑倾向，虽然分析师早已察觉到了这些倾向，但没有意识到其强烈程度和意义。种种原因导致患者出现了强烈的顺从倾向和依赖倾向，所以他只能建立起防御系统，控制住所有的权利。此时，对他来说，顺从依然是急切的内在需要，如果让他立即放弃这种防御手段，那么就无异于让他摒弃自己的全部人格。因此，分析师要从他的顺从倾向入手，随后再考虑帮助他改变自己的专横态度。

本书意在表明，要想解决一个问题不能只使用一种方法，而要从多角度反复研究这个问题。因为患者的每一种态度都是由多种因素导致的，而且这些因素对于神经症的发展所起的作用也不同。比如，忍耐和退让是对情感的病态需求的初始表现，所以，当我们分析这种需求时，必须同时解决这两种态度。而当我们分析患者的理想化意象时，也要再次研究这两种态度。从这个角度来看，患者或许认为忍耐和退让代表着一种圣人的胸怀。当分析他的孤立倾向时，我们又能理解为什么这种态度还包含了避免摩擦的需要。此外，当我们发现患者一方面恐惧他人，另一方面又在克制自己的施虐冲动时，我们就能明显看出这种忍让态度所具有的强迫性了。从其他案例来看，我们最初可能会认为患者对强迫的敏感是由孤立需要引发的防御性态度，然后可能会发现这是他的权力欲望的投射，最后可能意识到这是因内心压迫或其他倾向所致的一种外化表现。

在分析过程中，任何具体化的神经症态度或冲突，都必须置于整个人格结构中来理解，这才是深入研讨的方法。这个过程分为以下几个步骤：帮助患者认识到他的特定倾向或冲突的所有公开或隐蔽的表现，帮助他认识到其中的强迫性，并且帮助他认识到它们的主观价值和危害。

当患者意识到自己有神经症的特殊表现时，往往不去加以审视，而只是提出疑问，比如："它是怎样产生的？"无论是有意识的，还是无意识的，他都指望通过找出问题的根源来解决问题。对此，分析师要加以阻止，以免他逃匿到过去中，并且鼓励他了解那种特异表现本身，换句话说，就是要鼓励患者了解这种表现的具体形式、他对其进行掩饰的方法，以及他对这种表现的态度。比如，如果患者对顺从表现出了明显的恐惧，那么他必须看清自己在哪种程度上愤怒、担心和失望于自己的自卑。他要认识到，他已经通过无意识地压制自己，试图扫清一切可能的顺从倾向，以及与之相关的所有倾向。接着，他就会明白，那些表面看似各异的态度，实际目的都是一致的；他进行了自我麻醉，对他人的感受、愿望和反应也失去了意识；他因此变得对别人漠不关心；他抑制了爱的冲动，也抑制了对爱的欲望；他鄙视别人的善意和温柔；他不由自主地回绝别人的请求；在人际交往中，他认为自己有权为所欲为，有权向别人提出各种严苛的要求，却不允许别人拥有同样的权利。如果患者认为自己无所不能，那么仅仅让他认识到自己有这样的感觉还不够，还要让他明白，他是怎样为自己设定了不可企及的目标。比如，他以为自己可以在最短的时间内完成一篇有分量的论文，无论多么辛苦，他也能依靠自己的才华一气呵成；在分析中，他以为只要看到了问题，就能够顺利地解决它。

另外，患者要认识到，自己被特定的倾向所掌控，身不由己地做与自己愿望和利益相违背的事情。他要认识到，这种强迫性始终存在，不分场合，不分对象。比如，他要意识到自己对任何人都很苛刻，无论对方是敌是友，无论对方做了什么，都会遭到他的斥责：如果对方态度亲切，他会觉得对方是因为自责才会这样；如果对方态度坚决，他就要压制对方；如果对方让步，他会觉得对方软弱；如果对方想接近他，他会认为对方不自重；如果遭到了对方的拒绝，他会认为对方吝啬，等等。如果讨论的问题是患者无法确定自己是否受到认可或欢迎，那么他要意识到，他总是持怀疑态度，即使证据都是相反的。让患者理解某种倾向的强迫性，也包括使其认识到自己在该倾向受挫时的反应。比如，如果患者表现出渴望得到温情的倾向，那么他就要看到，但凡对方有一点拒绝的迹象，或者友好度有了些微的减弱，而无论对方对他而言有多么的不重要，他也会感到惊恐和失望。

我们首先要让患者对自己问题的严重程度有所认识，接着要让他认识到问题的形成因素的强度。这两个步骤意在激发患者的兴趣，促使他进一步审视自己。

当分析师开始探讨患者某种特殊倾向的主观价值时，患者通常会主动配合，迫不及待地提供资料。患者可能指出，他是出于无奈，甚至是为了保全性命，才会反抗、蔑视权威或一切带有强迫意味的东西，否则他那强势的父母可能早已剥夺了他的自由；在成长的过程中，无论过去还是现在，优越感都帮助他战胜了自卑感；他的孤立倾向或"无所谓"的态度为他提供了保护，使他免受伤害。的确，患者的防御心理导致他有这样的想法，但我们也从中得到了很多启发。我们由此了解到为什么患者的某种态度会占据主导地位，以及这种态度具有怎样的历史性价值，这样一来，我们就能更好地理解患者的发展情况，特别是这种倾向当前所起到的作用，这些作用对治疗而言更有意义。任何神经症倾向或冲突都不只是历史遗迹,如同某种一旦确立就无法改变的习惯一样。可以确定的是,一切倾向或冲突都取决于当前性格结构中所包含的迫切需要。对于某种神经症的特殊表现的认识也有其价值,但这种价值只是次要的,而最重要的是改变当前正在发挥作用的因素。

任何神经症倾向的主观价值往往都在于抵消某些其他倾向。所以,对这些价值加以领悟,能够指导我们处理具体的病例。比如,如果我们发现患者不能抛弃他的全能感,因为他可以借此把自己的潜能视为真实的能力,把他的远大目标视为已有的成就,那么我们就要衡量他陷于幻想中的程度有多深。如果我们意识到,他之所以采取这种生活方式,目的就是为了保证自己远离失败,那么我们就要查明是哪些因素导致他有失败的预感,并且令他畏惧失败。

在治疗中,最重要的步骤就是让患者认识到,那些在他看来有价值的东西其实有着巨大的危害性,也就是说,他的各种能力只会因神经症倾向和冲突而被削弱。在此前的步骤中,我们已经进行了一些启发工作,但更重要的是,要让患者详细而完整地了解自己的病情,只有如此,患者才会意识到改变自己有多么的重要。由于任何一种神经症都会对现状进行强迫性的维护，因此，患者需要一种刺激来冲破这种阻力，然后才能做出改变。然而，只有当患者渴望内心自由、幸福和成长，并且认识到所有神经症表现都会对实现这一愿望造成阻碍时，这种刺激才会产生。所以，如果他有自贬的倾向，那么他必须认识到这种倾向抹杀了他的自尊，使他丧失希望；这种倾向使他自认为不被别人接纳，强迫他忍受屈辱，又反过来使他企图报复；这种倾向使他丧失了主动性和工作能力；为了防止自己陷于自卑的境地，他被迫以自大、自我孤立等态度进行防御，而他的神经症也因此变得越发严重。

同样，在分析过程中，当某种特定冲突已经显而易见时，分析师要让患者认识到他的生活因为这种冲突而受到的影响。比如，如果患者的冲突源于自卑倾向与对成功的渴望之间的矛盾，那么分析师就要认识到这是倒错性施虐倾向所特有的极度压抑的结果。患者应当认识到，每当他有谦逊的表现时，他都会产生自卑感，而且对他所讨好的人怀有敌意；此外，每当他想要挫败别人时，他都会非常恐惧自己，还会担心遭到报复。

有时也会发生这样的情况：患者对所有严重后果已经

有所认识，但依然没有兴趣克服自己的神经症态度。在他看来，问题似乎已经不存在了，他悄无声息地把问题撇开，自己的病情也不见好转。其实，他已经发现了他给自己造成的伤害，因此这种缺乏积极性的反应便会非常明显。但如果分析师没有敏锐地观察到这种反应，那么就很容易忽略患者的这种缺乏兴趣的情况，转而被患者带着走，开始其他话题，直至再次陷入此类僵局。经过很长的一个阶段后，分析师才会突然醒悟，意识到尽管自己付出了很多努力，但患者的病情却几乎没有进展。

如果分析师知道患者偶尔会出现这样的反应，那么他就必须问自己，患者为什么不能改变这种态度，即使他已经认识到很多严重的后果都是由这种态度造成的。一般来说，这是由多种原因导致的，分析师只能逐步处理：患者可能依然处于绝望之中，在他看来，要想改变现状是非常困难的，他对自己的兴趣或许远远比不上他对战胜分析师、挫败分析师、让分析师难堪的兴趣；他可能依然有着强烈的外化倾向，因此即使认识到了严重的后果，也不会将其与自身联系起来；他可能依然有着强烈的全能感，因此即使认识到了严重的后果难以避免，却还是觉得自己能够侥幸避开；他可能依然固守自己的理想化意象，因此无法真正承认自己有任何神经症的态度或冲突。于是，他只会对自己感到不满，因为在他看来，只要认识到了问题的存在，就可以轻易地解决它，然而实际情况却恰恰相反。分析师要意识到这些可能的因素，因为它们抑制了患者对改变的渴望，如果忽略了它们，那么分析师就无异于休斯登·比得逊所说的"心理学狂"——为了心理学而心理学。此时，有利的做法是让患者接受自己。即使冲突依然存在，但患者会放松下来，并且开始产生挣脱冲突的愿望。这样的局面对分析是非常有利的，它意味着患者已经有望获得改变。

显然，上述内容并不是一篇有关分析技术的论文。其中并不包括分析过程中导致问题加剧的所有因素，也不包括能够带来疗效的所有因素。比如，我没有探讨如果患者将自己的防御性和攻击性带入医患关系中会导致什么后果，即使这个因素很有研究价值。我所描述的步骤，只是每当有新倾向或新冲突出现时，我们必须经过的主要过程，然而，在实际的分析工作中，我们往往无法按照所列的顺序开展工作，因为当分析师已经注意到患者的问题时，患者可能还没有意识到问题的所在。就像我们曾经所举的那个案例，患者自认为有权为所欲为，然而一个问题可能只是意味着另一个问题的存在，而我们首先需要分析的是后一个问题。其实，顺序并不是最重要的，关键是要确保完成每一个步骤。

由于每个患者的问题不同，因此分析所引起的症状改变也各有不同。当患者对自己的无意识愤怒及其原因有所认识后，他的恐惧可能会有所减轻；当他发现自己所陷入的困境时，他可能会不再感到抑郁。但只要做好了每一项分析工作，则无论是否解决了特定问题，患者对自己、对他人的态度都会得到总体的改变。如果我们要同时处理好几个问题，比如，对性欲的过分强调，认为自己享有一切特权，敏感于任何强迫等，那么我们会从中发现，它们对人格的影响基本相同。

无论我们分析的是其中的哪个问题，患者常见的敌对情绪、绝望感、恐惧感以及疏离自己与他人等症状都会得到缓解。我们不妨列举几个案例，看看患者的自我孤立倾向是怎样得到缓解的。一个人过分强调性问题，他只有在性体验和性幻想中才感到自己是个活人，他的胜败都局限于性领域，在他看来，自己的优点就是性吸引力强。只有认识到这些状况，他才能对生活的其他方面发生兴趣，从而找回自我。另一个人把幻想视为现实，认为自己并非凡人，无法看清自己的局限和实力。经过分析，他不再将自己的潜能视为既有的成就，此时，他不仅能够正视，而且能够理解自己的真实情况了。还有一个人对于强迫过度敏感，他忘记了自己的意愿和信念，只能感觉到别人在控制和支配他。经过分析，他认识到了自己真正的需求是什么，于是开始努力迈向自己的目标。

无论被压抑的敌对情绪属于什么种类、来源如何，它们都会在分析过程中时常显现出来，令患者变得更容易愤怒，但在某种神经症态度消失后，这些敌对情绪将会有所缓解。当患者意识到自己可以独立应对困难，不再轻易受到伤害，并且发现自己的愤怒、依赖和苛求在减少时，他的敌对情绪自然也会减少。

敌对情绪的缓和源于绝望感的减弱。

一个人拥有强大的内心，就不会有受到威胁的感觉。这种力量的增强与很多因素有关，比如，他过去将注意力都集中在别人身上，而现在却转为关注自己。他变得活跃而主动，开始构建自己的价值观。他在逐渐焕发出更大的能量：过去用于压制自身的那些能量，如今也被释放出来；现在，他没有了压抑感，也不再被恐惧感、自卑感和绝望感纠缠。他不再盲目地顺从或攻击他人，也不再肆意发泄施虐冲动，转而变得能够做出合理的让步，这一切都使他越发坚强。

最后，由于原有的防御系统被破坏，患者会暂时有些焦虑，但在后续的进程中，这种焦虑感会逐渐得到改善，因为患者已经对自己和他人不再有恐惧感了。

最终，这些改变将在患者与自己以及与他人的关系的变化上反映出来。他不再孤立自己；他变得强大而友善，不再把别人视为威胁，不再以对抗、控制或回避的态度面对人际关系，从而能够以善意对待他人；他逐渐拒绝外化作用，从而消除了自卑感，同时改善了与自己的关系。

在分析过程中，通过对患者发生的这些变化进行观察，我们可以发现，最初的冲突也是由它们导致的。在神经症的形成过程中，强迫性倾向逐渐加重，而在分析过程中，情况却恰恰相反。患者发现，过去面对绝望、恐惧、敌意和孤独时所采取的态度，如今已经失去了意义，于是，他开始尝试着改变这些态度。的确，如果觉得自己能够与那些令自己厌恶而又欺凌自己的人平等相处，那么又何必自我轻贱或自我牺牲呢？如果自己的内心有足够的安全感，能够与别人共同生活、共同奋斗，而不必担心自己被埋没，那么又何必追逐权力和声望呢？如果自己有爱的能力，并且不畏惧竞争，那么又何必自我孤立呢？

完成这项工作自然需要时间，一个人对冲突越是纠结，就越会遭遇更多的障碍，越是需要更多的时间。人们总是希望能够有更加简短有效的分析疗法，这一点是可以理解的。我们希望分析治疗能够帮助更多的人，哪怕效果微乎其微，也总好过没有效果。当然，每一种神经症都有着极为不同的严重程度，相对短期的分析疗法只能治愈轻微的神经症。一些短期的精神疗法尽管很有前景，但遗憾的是，其思维基础往往并不可靠，而且这些疗法的使用者并不了解导致神经症的力量有多么的强大。在我看来，在分析治疗严重的神经症时，要想缩短时间，就必须对神经症的性格结构进行更好的理解，从而避免在寻找解释时浪费时间。

值得庆幸的是，解决内心冲突的方法有很多，分析治疗并不是唯一的途径。其实，生活本身就是一位优秀的"分析师"，换句话说，不管是谁，只要生活体验足够丰富，其人格就会得到改变：或许是受到了某位伟人的影响；或许是一场悲剧使其得以密切接触他人，从而不再自我孤立；或许是通过与志同道合的人相处，使其发现控制和回避毫无必要。此外，如果患者能够时常反思自己的神经症行为导致的严重后果，或者反思它们为什么总是反复出现，那么其恐惧感也会随之减轻。

然而，我们无法人为地控制生活的"治疗"，无法为满足个人需要而专门设置一个困境、一种友谊或一场宗教体验。"生活"这位分析师是不讲情面的，对一位神经症患者有益的事情，换成另一位患者，或许就会深受其害，况且神经症患者对自己行为后果的认识能力和反思能力非常有限。

换句话说，如果患者已经有能力从经验中总结教训，已经明确了自己对行为后果应负的责任，并且能够将这种认识应用于自己的生活中，那么就意味着我们的治疗已经完成了。

我们已经认识到冲突在神经症中的作用，认识到这些冲突是可以解决的，因此，我们有必要对分析治疗的目标进行重新定义。虽然许多神经症疾病属于医学范畴，但用医学术语为这些目标下定义并不合适。原因在于，从本质上讲，由精神所导致的身体疾病也属于人格冲突的最终形式，可见，我们需要在人格范畴内来定义分析治疗的目标。

如此一来，治疗目标就呈现出了多样化。对于患者，我们要多加鼓励，让他们培养自己的责任感，换句话说，就是培养积极向上的生活态度，尝试着自己做决定，而且勇于为此承担后果和责任；同时，也要为他人负责，承担自己应尽的义务，而且对这些义务的价值坚信不疑，无论它们关系到自己的子女、父母、亲友、下属、同事、社区还是国家。

还有一个目标与此有着紧密的关系，即帮助患者获得内心的独立，对于别人的观点和信念，既不轻视，也不盲从。要想做到这一点，就要让患者构建自己的价值观，还要在实际生活中加以应用。我们要鼓励患者在人际交往中尊重别人的个性和权利，从而实现与人平等相处。这同样意味着一种民主精神。

在定义这个目标时，我们还可以使用这样的术语："感情的自发性"，即感情的觉醒和生机，无论是爱与恨，还是喜怒哀乐。这意味着既有表达的能力，也有控制的能力。因为爱与社交的能力很重要，所以我们必须强调：爱既不是寄生般地依附，也不是施虐般地控制，而是应像麦克马雷说的那样："这种关系本身就是目的。我们在这段关系中形成联结，因为与他人分享体验是人类的自然行为；我们相互理解，在共同生活中发现快乐，得到满足，彼此敞开心扉。"

关于治疗目标，最全面的界定是这样的：实现人格的完整，没有伪装，感情纯粹，全身心投入到感情、工作和信念之中。只有消除了冲突，才能更加接近这个目标。

这些目标非常客观，并且行之有效，这不仅仅因为它们与各个时代的明智之士有着相同的追求。这种相同并不是偶然的巧合，因为一个人的精神健康就是以此为基础的。我们提出这些目标的根据在于，它们是按照神经症中的病理因素而做出的符合逻辑的推导。

我们之所以能够提出如此高远的目标，是因为我们对人格的改变抱定了信念，而且有丰富的经验作为依据。可塑性并非是儿童的专属，在生活中，任何人都可以改变自己，甚至彻底改变自己。而精神分析法恰恰能够为彻底的改变提供有效的帮助。我们对于导致神经症的各种因素认识得越清楚，就越有可能做出改变。

无论是分析师还是患者，都不可能完全达到这些目标。它们对我们的治疗和生活具有指导意义，是我们为之奋斗的理想。如果我们没有认识到这些理想的含义，就有可能在抛弃旧的理想化意象时，用新的理想化意象作为替代品。我们还要清楚，分析师只能帮助患者获得自由，鼓励患者努力迈向理想,而无法把患者改造成一个完美无缺的人。换句话说,分析师要给患者提供机会,使其更加成熟,获得更好的发展前景。